中职生职业核心素养培育研究

李雪玉　著

学苑出版社

图书在版编目（CIP）数据

中职生职业核心素养培育研究 / 李雪玉著 . — 北京：
学苑出版社，2023.9
ISBN 978-7-5077-6761-2

Ⅰ．①中… Ⅱ．①李… Ⅲ．①职业道德—素质教育—
教学研究—中等专业学校 Ⅳ．① B822.9

中国国家版本馆 CIP 数据核字（2023）第 190864 号

责任编辑：乔素娟
出版发行：学苑出版社
社　　址：北京市丰台区南方庄 2 号院 1 号楼
邮政编码：100079
网　　址：www.book001.com
电子邮箱：xueyuanpress@163.com
联系电话：010-67601101（销售部）、010-67603091（总编室）
印　刷　厂：河北赛文印刷有限公司
开本尺寸：710 mm×1000 mm　1 / 16
印　　张：12
字　　数：240 千字
版　　次：2023 年 9 月第 1 版
印　　次：2023 年 9 月第 1 次印刷
定　　价：72.00 元

作者简介

李雪玉，女，1987年11月出生，汉族，广西梧州人，毕业于广西大学教育经济与管理专业，硕士研究生学历，讲师，现就职于广西金融职业技术学院（广西银行学校）会计系。研究方向：学科建设。自2014年参加工作至今一直从事高校教学管理工作，先后参与本科教学评估、双高专业建设等工作。主持广西教育科学"十四五"规划2022年度大学生就业研究专项课题重点项目1项，主持市厅级课题3项，参与省部级项目1项。在《高教论坛》《渭南师范学院学报》《西部素质教育》《亚太教育》等期刊发表学术论文10余篇。

前　言

新时代背景下，实现高质量发展成为各级地方经济建设的基本方向，这就要求职业院校培养出适应地方经济建设需要的高素质技能人才。中职教育以"重技能、强实践"为人才培养特色，是一线工作岗位职业技能人才的重要来源。然而，面对企业对高素质技能型人才的新需求和高要求，中职毕业生的职业核心素养有待提高，社会适应性和职业发展性存在局限等问题日益凸显，中职学校的培养目标、课程体系以及教学模式难以更好地满足企业对一线技能人才的切实需求。因此，中职学校应不断优化调整人才培养体系，进一步强化其培养高素质实用人才的教育导向，突出"职业"色彩，强化核心素养提升，多种力量协同促进中职生就业竞争力不断提高。

同时，中职学校要坚持面向市场服务发展、促进就业的办学方向，坚持育人为本，促进中职生的全面发展。中职教育既是中职阶段教育的一部分，又是职业教育这种类型教育的组成元素，需要兼顾好中职生的发展和就业。落实到公共基础课程的教学中，就是要注重基础性、体现职业性，鉴于此，特撰写《中职生职业核心素养培育研究》一书。

本书共八章：第一章为职业核心素养概述，梳理职业核心素养的基本认知、职业核心素养的意义价值、职业核心素养的提升路径，作为本书的"前奏"，展开对职业核心素养的论述；第二章拉开对中职生职业核心发展素养论述的序幕，阐述中职生应具备的诸如吃苦抗压、勇于创新等素养；第三章为中职生职业核心管理素养，从中职生应学会适应职场、中职生应学会管理自我、中职生应制订职业生涯规划来呼应本章的主题；第四章为中职生心理素养培育策略研究；第五章为中职生职业素养中工匠精神的影响因素；第六章为中职生职业素养中职业生涯规划问题及对策——以 W 中职学校为例，近年来，中职生就业问题引起大家的广泛关注，该章对中职生职业生涯规划现状及对策进行论述；第七章为中职生职业素养中创业能力构成及培养研究；第八章为中职生职业核心素养评价标准体系的实践，通过中职生职业素养评价及标准建构的基本依据、中职生职业核心素养评价指标体系的构建、基于 AHP 的中职生职业核心素养评价指标权重体系建构、中职生职业核心素养评价指标内容分析及评定标准体系建构四节内容，徐徐展开了中职生职业核心素养评价标准体系实践建设的画卷。

在撰写本书过程中，笔者参阅了相关资料，吸取了许多有益的内容。由于笔者水平有限，书中难免有错误和不当之处，恳请广大师生和读者予以批评指正，以臻完善。

李雪玉

2023 年 5 月

目　录

第一章 职业核心素养概述

中职学校学生的职业核心素养水平直接决定着其未来的职业能力。中职学校学生的职业核心素养包括职业理想与信念、职业道德人格以及关键职业能力。职业核心素养的培育与职业环境息息相关。新时代背景下，实现高质量发展成为各级地方经济建设的基本方向，就要求中职学校培养出适应区域产业转型升级发展需要的高素质技能人才。中职学校以"重技能、强实践"为人才培养特色，成为一线工作岗位职业技能人才的重要来源。

第一节 职业核心素养的基本认知

从全社会每一位从业者到各职业院校的学生，在其日常学习、工作中都离不开对职业核心素养这一概念的求索。一方面，只有在对职业核心素养不断加深理解与认知的过程中，个体才能够由浅入深地把握好自己的职业，进而明确自己的责任与义务，从而更好地融入社会；另一方面，在日复一日的工作、学习与生活状态下，唯有将全身心真正投入对职业核心素养的追求与践行中，个体才能够做到"懂"自己的职业、"掌握"职业技能，由此方能获得职业上的进步与蜕变。若不同的个体是社会不同职业的承载者，则职业核心素养可以被看作社会不同职业的灵魂，它给人以心理层面的慰藉，并通过个体的行动外化为人类社会日新月异的发展变迁。

一、职业素养的内涵

（一）职业概述

在现实生活中，人们要生存，总要从事一定的职业活动来获得生活资料。但是人们很容易产生一种误区，即经常把职业与工作混为一谈。但事实上，职业与工作还是有很大区别的。

什么是职业？美国社会学家塞尔兹（Selz）认为，职业是一个人为了生活需要不断取得收入而连续从事的具有市场价值的特殊活动。这种活动决定着从事它的那个人的社会地位。

近代以来，我国很多学者就"职业"一词从词义上进行了解释："职"是指职位、职责，包含着权力与责任的意思；"业"是指行业、事业，包含着独立工作、从事事业的意思。

这种观点认为职业即"责任和业务"，职业的外延包括三方面的内容：有工作、有收入、有工作时间限度。由此可见，职业不同于工作，它更多的是指一种事业。

（二）职业的特征

第一，社会性。

在人类社会初期，并没有职业可言。随着社会的不断进步，人类在长期生产活动中产生了劳动分工，职业也由此产生和发展，也就是说，职业存在于社会分工之中，人们的社会角色是不一样的，一定的社会分工或社会角色的持续出现，就形成了职业。职业作为人类在生产劳动过程中的分工现象，它体现的是劳动力与劳动资料之间的结合关系，也体现出劳动者之间的关系，劳动产品的交换体现了不同职业之间的劳动交换关系，这种劳动过程中结成的人与人之间的关系无疑是社会性的。他们之间的劳动交换反映的是不同职业之间的等价关系，这反映了职业活动及其职业劳动成果的社会性。

第二，规范性。

职业的规范性包含两层含义：一是指职业内部操作的规范性；二是指职业道德的规范性。在劳动过程中，不同的职业都有一定的操作规范性，这是保证职业活动的专业性要求。当不同职业在对外展现其服务时，还存在一个伦理范畴的规范性，即职业活动必须符合国家法律规定和社会伦理道德准则，这两种规范性构成了职业规范的内涵与外延。

第三，功利性。

职业的功利性也叫职业的经济性，是指职业作为人们赖以谋生的手段，劳动者在承担职业岗位职责并完成工作任务的过程中索要经济报酬，这既是社会、企业及用人部门对劳动者付出劳动的回报和代价，也是维持家庭和社会稳定的基础。职业活动既满足职业者自己的需要，同时也满足社会的需要，只有把职业的个人功利性与社会功利性相结合，职业活动才具有生命力和意义。

第四，技术性。

职业的技术性是指不同的职业都有相应的职业技术要求，每一种职业往往都表现出相应的技术要求。要求从业人员具备一定的专业技能知识，包括较长时间的专业知识学习或技能培训。

第五，时代性。

职业的时代性是指由于科学技术的发展，人们的生活习惯、方式等因素的变化导致职业打上那个时代的"烙印"。

第六，稳定性。

职业产生后，总是保持相对稳定，不会因为社会形态的不同和更替而改变。当然，这种稳定性是相对的，随着现代化的快速发展，特别是科学技术的日新月异。一些新的职业顺应时代的需要产生，而原有的职业或在时代的大发展中屹然挺立，或被时代的潮流淹没。

第七，群体性。

职业的存在常常和一定数量的从业者密切相关，达不到一定从业者数量的劳动，都不能称其为职业。群体性不仅表现为一定的从业人员数量，更重要的是一定数量的从业人员所从事的不同工作、工艺流程表现出来的协作关系，以及由此而产生的人际关系。由于从业者处于同一企业、同一车间或同一部门，他们总会形成语言、习惯、利益、目的等方面的共同特征。从而使群体成员产生群体认同感。

总之，职业的特征与人类的需求和职业结构相关，强调社会分工；与职业的内在属性相关，强调利用专门的知识和技能；与社会伦理相关，强调创造物质财富和心理财富，获得合理报酬；与个人生活相关，强调物质生活来源，并满足心理生活需求。

（三）职业素养概念

职业素养是指职业内在的规范和要求，是在从业过程中表现出来的综合品质，包含职业道德、职业意识、职业心理和职业技能四个方面的内容。其中，前三项内容是职业素养中最根本的部分，是隐性素养，而职业技能是支撑职业人生的表象内容，是显性素养。

美国著名心理学家麦克利兰（McClelland）于1973年提出了一个著名的素质冰山模型，即将人员个体素质的不同表现形式划分为表面的"冰山以上部分"

和深藏的"冰山以下部分"。其中，"冰山以上部分"包括基本知识、基本技能，是外在表现，是容易了解与测量的部分，相对而言也比较容易通过培训来改变和发展。而"冰山以下部分"包括社会角色、自我形象、特质和动机，是人内在的、难以测量的部分。它们不太容易通过外界的影响而得到改变，但对人员的行为与表现起着关键性的作用。

如果把一个职业院校毕业生的全部才能看作一座冰山，那么浮在水面上的是他所拥有的资质、知识和技能。这些都是显性素养，可以通过各种学历证书、职业证书来证明，或者通过专业考试来验证。而潜在水面之下的东西，包括职业道德、职业意识和职业心理，称为隐性素养。应届毕业生在显性素养方面表现还可以，但在隐性素养方面由于没有受过系统培训，所以比较欠缺。

（四）职业道德

职业道德是指从事一定职业的人在特定的工作和劳动中所应遵循的特定的行为规范，是同人们的职业活动紧密联系的符合职业特点所要求的道德准则、道德情操与道德品质的总和。职业道德是衡量一个人工作态度的职业规范。恩格斯指出：每一个阶级，甚至每一个行为，都各有各的道德。

职业道德具有以下特点：

①在范围上，它存在于从事一定职业的人中间，是家庭、学校教育影响下所形成的道德观念的进一步发展。

②在内容上，它具有较大的稳定性和连续性，形成比较稳定的职业心理和职业习惯。

③在形式上，它具有具体、多样和较强的适用性。

职业道德包括爱岗敬业、诚实守信、办事公道、服务群众、奉献社会。其中，爱岗敬业是职业道德的核心和基础，诚实守信、办事公道是职业道德的准则，服务群众、奉献社会是职业道德的灵魂。

良好的职业道德，有利于人们养成良好的道德习惯，有利于促进社会生活的稳定发展。

（五）职业意识

职业意识是指职业人对职业的认识、意向以及对职业所持的主要观点。职业意识有社会共性的，也有行业或企业相通的。

职业意识具体表现在以下五方面：

①对职业的社会意义和地位的认识。

②对职业本身的科学技术水平和专业化程度的期望和要求。

③要求职业与个人的兴趣、爱好相符。

④对职业劳动或工作条件的看法和要求。

⑤对职业的经济收入和物质待遇的期望。

职业意识的具体内容包括诚信意识、客户意识、团队意识、自律意识、学习意识。

（六）职业心理

职业心理涵盖个人职业作风、行为习惯、职业态度等，也称敬业心理。拥有这一素质是人的职业生涯中的一种更高的境界。毫无疑问，没有一定程度的职业技能和不受职业道德规范约束的人是不能达到这种境界的。

职业心理内涵主要包括：

1. 职业活动伴随着共同的心理过程

人们在职业活动中要经历选择职业、谋求职业、获得职业或者失业、再就业的过程。在这些过程中必然伴随着认知、情感、意志等共同的心理变化。如，当选择的职业符合个人的需要和客观现实时，个人就会产生兴奋、愉快，甚至兴高采烈、欣喜若狂的情绪，反之则会情绪低落、闷闷不乐，甚至悲观失望、垂头丧气。

2. 职业活动中反映出个性不同和差异

不同个性心理特征的个人，适合不同的社会职业，人们在选择职业时又有不同的心理表现，在认知、情感、意志方面表现出不同的特点。有的人反应敏捷、全面，有的人则迟钝、片面；有的人达观、豁朗，有的人则忧虑、退缩；有的人果断坚决，积极克服困难去实现目标，有的人则朝三暮四、犹豫彷徨、知难而退。

3. 不同职业阶段有不同的职业心理

职业活动中的心理现象纷繁复杂，依据职业活动经历的过程，职业心理可分作择业心理、求职心理、就业心理、失业心理、再就业心理等。不同阶段的职业心理对职业会产生不同的影响。

4. 不同的职业心理特点影响着人们的生活

择业、求职、就业、失业、再就业等不同阶段的人的心理特点，影响着人们的生活态度、生活方式、价值取向。职业心理对学生的职业选择起着很重要的作用。"知己知彼，百战不殆"这句话正道出了在职业选择过程中一个很重要的原则，即在选择职业时要认识自己，了解自己，熟知自己的个性心理特征和心理过程，把个人的职业意愿和自身素质相联系，根据社会的需要和社会职业岗位需求的可能性，评价出个人职业意向的可行性，以积极的态度去选择职业。

（七）职业技能

职业技能是构成职业素养的首要因素。它通常指一个人所从事的工作要求具备的技术能力，而这种能力通常来自受教育的程度、工作经验和就业后的各种专业技能训练，其中包括人的生理和心理承受能力。

作为未来的职场人，我们必须了解并掌握职业素养的相关理论，并以此为目标和方向，从日常学习和生活中做起，自觉培养自己的职业素养。需要明确的是，要正确理解职业素养与职业核心素养的联系与区别，在培养自身职业素养的过程中，突出职业核心素养的养成，从而能够使自己更快速地成长。

二、核心素养的内涵

我国教育部在 2014 年印发的《关于全面深化课程改革落实立德树人根本任务的意见》中，首次提出"核心素养体系"概念。

学生的核心素养是指学生应具备的，能够适应终身发展和社会发展需要的必备品格和关键能力，是关于学生知识、技能、情感、态度、价值观等多方面要求的综合表现，是每一名学生获得成功生活、适应个人终身发展和社会发展所需要的、不可或缺的共同素养。其发展是一个持续终身的过程，可教可学，核心素养在家庭和学校中培养，并在人的一生中不断完善。

（一）职业核心素养的内涵

职业核心素养，从语义学的视角进行解读，是由"职业""核心"与"素养"三个关键词构成的，其中，对"素养"一词的解读可以被看作把握"职业核心素养"这一概念的关键。

"素养"的出处为《汉书·李寻传》："马不伏历，不可以趋道；士不素养，不可以重国。"意为"马匹没有得到足够的营养，是没有力气在路上奔驰的；人没有足够的能力，是没办法使国家强盛的"。可以看出，"素养"一词在出处中就是和能力这一概念相关的。《现代汉语词典》（第 7 版）中对"素养"一词的释义为"平日的修养"[①]，引申意义为由实践或训练而获得的一种道德修养。结合古今释义，不难看出，"素养"一词强调人的两个方面：一为道德，二为能力。因此，不论着眼点是"职业"或是"核心"，都离不开对道德和能力这两类特质

①　中国社会科学院语言研究所词典编辑室. 现代汉语词典 [M].7 版. 北京：商务印书馆，2016.

的诉求。获得较广泛认可的一点是，核心素养（key competency）这一概念最早起源于职业教育领域，competency 一词所指的是个体对某项工作或职业的胜任能力。因此根据英文词义，key competency 又可被直译为"关键素养"，亦有学者将它译为"关键能力"。2019 年初我国出台的《国家职业教育改革实施方案》明确指出，"职业教育与普通教育是两种不同教育类型，具有同等重要地位"。因此，站在职业教育的视角之上可以认为：职业教育领域所强调的"核心素养"，其本质即"关键能力"。

（二）从核心素养领域看职业素养

1. "中国学生发展核心素养"中的职业素养

2014 年，我国教育部研究并印发了《关于全面深化课程改革落实立德树人根本任务的意见》，其中为进一步提升我国综合育人水平、更好地促进各级各类学校学生全面发展和健康成长，明确指出"研究制订学生发展核心素养体系和学业质量标准""将组织研究提出各学段学生发展核心素养体系，明确学生应具备的适应终身发展和社会发展需要的必备品格和关键能力，突出强调个人修养、社会关爱、家国情怀，更加注重自主发展、合作参与、创新实践"。在此基础上，我国成立了职业教育核心素养研究课题组，历经三年的集思广益、集中攻关与比较研究，形成了《中国学生发展核心素养》这一重大成果，阐述了我国学生发展核心素养总体框架及其基本内涵。

在我国学生发展核心素养中，"社会参与"这一方面体现出了较强的职业倾向性。职业是成熟个体的"社会责任"的寄托、"劳动意识"培养的长期有效途径和"技术应用"的践行载体。同时，在该核心素养体系之下，"创新"同样被看作职业素养不可或缺的重要组成部分。

2. 21 世纪世界范围内较具特色的核心素养框架

①德国核心素养框架。

② OECD（经济合作与发展组织）框架。

③欧盟参考框架。

（三）从职业素养领域看核心素养

1. 关键能力

"关键能力"（key competency/core competency）可以被视为职业教育领域的"核心素养"。这一概念发迹于德国职业教育领域，20 世纪 70 年代首次被德国社会教育学家默滕斯（Mertens）提出。关键能力即指"那些与一定的专业实际技能不直接相关的知识、能力和技能，它更是在各种不同场合和职责情况下做出判断选择的能力；胜任人生生涯中不可预见各种变化的能力"。在概念上，"关键能力"同上文的核心素养框架中提到的"学会学习"素养较为类似，具有普遍性、跨专业性和持久性。

2. 职业素养

总体而言，职业素养所指的乃是作为社会从业者的个体在其职业活动中所表现出来的综合素质。这种综合素质并无绝对定义和分类，它囊括了从业者情感、态度、价值观以及技能等诸多方面的认知和表现。

（四）职业核心素养基本概念

有学者对"职业核心素养"的概念做了较为细致的考量：职业核心素养是职业院校学生以及社会职业的从业者在其职业生涯中，从事任何行业均普遍存在、任何职业或工作岗位不可缺少的，是除岗位专业知识、技能和能力素养以外最基本、最关键的职业意识、职业心理、职业人格和职业能力等基本职业素养集合，它与岗位专业技能无关，也可被称为"职业关键素养"或"职业通用素养"。

站在学术界的视角看待职业素养，其内涵更偏向职业意识、职业道德、职业技能和职业行为习惯等职业方面的素养；而站在职业教育的视角对核心素养进行解读，其内涵则更偏向道德素养、专业素养、合作素养和创新素养等普罗大众均需追求的共同社会价值取向。综合不同视角，将"职业核心素养"的具体构成要素界定为职业理想与信念、职业道德与人格、职业行为习惯、职业关键能力四大维度。

三、职业核心素养的构成要素

（一）职业理想与信念

"理想是石，敲出星星之火；理想是火，点燃熄灭的灯；理想是灯，照亮夜行的路；理想是路，引你走到黎明。"这是当代著名诗人流沙河先生的现代诗《理想》中的句子。理想和信念是人心理层面的价值取向，反映在现实生活中就是人们所向往、追求、奋斗的目标。理想和信念是人成长与前进道路上的巨大心理动力。相类似地，职业理想与信念就是个体在职业生涯中所向往、追求和奋斗的目标。它一方面作为心理动力支撑着个体坚守在自己的岗位上，另一方面又实体化为人在职业生涯中或大或小的诸种诉求。

（二）职业道德与人格

上文中已对作为职业素养组成部分之一的职业道德进行了论述。作为职业核心素养重要组成部分的职业道德与人格，特指个体在职业生涯中，具有鲜明职业特色和职业道德品质的人格特征。具体而言，它指的是个体在职业活动以及整个职业生涯中，将外部的职业道德准则经过自身的认知与理解，内化为具有个人特色的职业道德人格。爱岗敬业、诚实守信、遵纪守法、团结协作、开拓进取、责任意识等，都是较为理想的职业道德与人格品质，值得每一位从业者为之努力和奋斗。

（三）职业行为习惯

如果说职业道德与人格和个体原有的综合素养密切相关，那么职业行为习惯的养成则更依赖特定的职业。职业行为习惯的形成大多是潜移默化的，如服装设计师在生活中对他人的穿衣打扮更加敏感，牙医对陌生人的牙齿状况往往更为关注等。特定的职业行为习惯一旦养成，很大程度上会成为个体独具特色的职业生涯标志，大多难以改变。职业行为习惯同样有好恶之分，因此，从业者在从业初始阶段有意识地养成良好的职业行为习惯，对其后续的职业生涯发展将大有裨益。

（四）职业关键能力

职业关键能力同上文所介绍的"关键能力"并无本质上的区别。若要进行更为细致的划分，则大致可分为一般职业能力、专门职业能力与综合职业能力三大类别。其中，一般职业能力主要包含一般学习能力、语言表达能力、社会交往能力、团队协作能力以及判断能力等；专门职业能力则主要包含某一职业所必需的、具有较强指向性的能力，它是用人单位在进行人才招聘时最为看重的部分之一；综合职业能力在内容上同"关键能力"较为一致，它主要指跨职业的、分析问题、解决问题的能力，是更偏向一种横向的能力，可以帮助个体较快地适应不同职业间的切换。

第二节　职业核心素养的意义价值

作为核心素养的重要组成部分，一个人对待生活、工作的态度，有时同样决定着他职业生涯的长短和成败。在此种程度上，职业核心素养的培育，何尝不是对一个人对待职业的心态的磨炼呢？

一、培育职业核心素养的重要性分析

职业核心素养的培育，对职业教育体系内的学生以及社会上不同种类职业的从业者而言，都有着重大的影响、价值和意义。拥有良好的职业核心素养，对个体的职业生涯而言属于锦上添花；对社会而言则意味着劳动者素质的普遍提升。

（一）对个人而言

第一，培育职业核心素养对个体而言有着重要的意义和价值。对于尚未成熟的个体而言，学校为学生提供学习的场所，教师则起到言传身教的作用。在课堂中和课外培养学生的诸种优秀核心素养，一方面能够帮助学生成长为一个优秀的人，帮助其树立良好的三观；另一方面也为学生职业素养的形成奠定坚实的基础，从而提升个体未来的职业竞争力。职业核心素养并非一成不变的条框，而是反映在社会每位从业者身上的品德、观念和意志。每个成长中的儿童都将是未来社会不同行业、不同类别的从业者，因此培育学生群体的职业核心素养，就可以被看作每个个体未来生活和就业资本的积累。而对于已经在社会上从事某种职业的个体而言，进行职业核心素养的培育，不仅能帮助其更好地认识自己的职业、明确未来的发展方向，更能帮助从业者实现职业技能、职业价值观的巩固与提升，进而实现自我的成长、进步和蜕变。

第二，培育职业核心素养，能够在纷繁复杂的社会生活中，帮助从业者形成心理上的支柱，强化自身的职业信念。如敦煌研究院保护研究所前副所长李云鹤，他六十年如一日地从事敦煌文物修复工作，经手的每一块壁画都要经历除尘、注射、回贴和滚压四个连续的步骤，重复仔细检查，方能最大限度地实现每一块壁画的"修旧"效果。李云鹤先生对敦煌文物充满感情，而修复文物对他而言也早已不仅是一项工作，而且是穷尽毕生的心理追求。

（二）对社会而言

个体职业核心素养的培育，对社会的运转和发展而言，同样是至关重要的。

第一，个体良好的职业核心素养是集体职业核心素养得以形成的基石。社会不同类别的行业企业，若要维持长久，均离不开职业核心素养这一内在支撑。行业、企业的职业核心素养，就是从业者群体职业核心素养的凝结与升华。个体良好的职业核心素养，是个体职业生命力的源泉；群体良好的职业核心素养，是行业、企业生命力的源头活水；行业、企业良好的职业核心素养，则是形成良性产业链循环、促进经济社会可持续发展、稳固社会文化经济秩序的必由之路。

第二，对个体与群体职业核心素养的培育，是巩固和强化从业者自身核心素养的有力途径。要通过在职培训、企业文化活动等诸多灵活的方式，对社会从业者进行职业核心素养的培养与熏陶。社会的运转离不开秩序与和谐，这种秩序与和谐是基于每个独立个体的价值取向与心理意志而催生出来的。培养从业者的职业核心素养，本质上等同于对从业者进行继续教育。《礼记·大学》有言："苟日新，日日新，又日新。"勤于省身、不断革新，是个体得以不断进步发展的重要方法，而对个体进行职业核心素养的培养，是实现这些方法的重要催化剂。

二、培养职业核心素养的必要性

职业核心素养的培养，小到每位从业者，大到社会与国家，都是重要且必要的。失去或弱化了对从业者职业核心素养的培养，个体的职业生涯乃至社会的发展进步均会受到一定程度的阻碍。

2019 年 2 月发布的《国家职业教育改革实施方案》（又名职教 20 条），可谓新时代以来我国职业教育领域最具权威性的改革方案。此外，《国家职业教育改革实施方案》还鲜明地指出"职业教育与普通教育是两种不同教育类型，具有同等重要地位"，并提出了"培养高素质劳动者和技术技能人才""为促进经济社会发展和提高国家竞争力提供优质人才资源支撑"等一系列的总体要求与目标，彰显了我国未来阶段对高素质职业技能人才的培养要求。为实现这一目标，《国家职业教育改革实施方案》进一步提出，"高等职业学校要培养服务区域发展的高素质技术技能人才""完善'文化素质＋职业技能'的考试招生办法，提高生源质量""开展高质量职业培训"以及"多措并举打造'双师型'教师队伍"等方针。上述一系列措施，充分显示出国家职业技能人才培养模式的转变，即从现有的量的基础上，进一步提升对职业教育质的发展要求。职业核心素养是高水平职业技能人才必不可缺的灵魂，培育个体的职业核心素养，是《国家职业教育改革实施方案》的政策要求所在。

综上所述，一方面，培育个体乃至群体职业核心素养的必要性催发于其重要性，这对个体、群体的发展和社会的进步本来就有着不言而喻的重要价值；另一方面，职业核心素养的培育是我国制造业转型发展和国家职业教育改革政策的必然要求，它通过直接作用于个体的从业者，间接作用于行业企业乃至社会。

三、职业核心素养的培养及意义

（一）如何培养学生职业核心素养

近几年，我国中职毕业生的就业问题日益突出。从学校的角度看，毕业生的就业率是一个很重要的衡量标准。毕业生就业情况的好坏，直接关系到学校的名誉，也关系到学校的招收与训练。从社会角度来看，很多公司都在抱怨"他们找不到合适的人才"，很多情况证明，这是因为学生的职业素养不能满足企业的需求。中职教育的一个重要目的就是"满足社会需要"。由于社会对毕业生的职业素养要求很高。中职教育与训练要把维持中职学生的职业素养作为培养的重要目的。与此同时，中职学校也并非紧闭校门，企业、社会也要积极配合学校，以培养中职学生的职业素养。

（二）职业核心素养在工作中的地位

《一生成就看职商》的作者吴甘霖回首自己从职场惨败者到走上成功之道的过程，再总结比尔·盖茨（Bill Gates）、李嘉诚等著名人物的成功经历，并进一步分析所看到的众多职场人士的成功与失败，得到了一个宝贵的理念：一个人，能力和专业知识固然重要，但是在职场要成功，最关键的并不在于他的能力与专业知识，而在于他所具有的职业核心素养。

工作中需要知识，但更需要智慧，而最终起到关键作用的就是素养。缺少这些关键的素养，一个人将一生庸庸碌碌，与成功无缘。拥有这些素养，会少走很多弯路，以最快的速度走向成功。

前面已经提到，很多企业之所以招不到满意的员工是由于找不到具备良好职业素养的毕业生，可见，企业已经把职业素养作为招聘员工的重要指标。如成都大翰咨询公司在招聘新人时，要综合考察毕业生的五个方面：专业素质、职业素养、协作能力、心理素质和身体素质。其中，身体素质是最基本的，好身体是工作的物质基础；职业素养、协作能力和心理素质是最重要和必需的，而专业素质则是锦上添花的。职业素养可以通过个体在工作中的行为来表现，而这些行为以个体的知识、技能、价值观、态度、意志等为基础。良好的职业素养是企业员工必须具有的，也是个人事业成功的基础，是学生进入企业的"金钥匙"。

（三）职业核心素养培养的意义

1.职业核心素养培养对人成长的意义

从个体的视角来看，维持其核心职业技能的最大意义在于大幅提升学生的可雇佣性。没有专业素质，就很难做出什么成绩，更不用说做出什么贡献。职业伦理是一种以"爱与奉献、诚实守信"为主要内容的"人生"与"价值"范畴。随着职业教育的普及，用人单位的就业机会越来越多，而非学历的就业质量问题也越来越受到用人单位的重视。

2.职业核心素养培养可以提高企业在市场上的竞争力

从企业的视角来看，集中中职学校的骨干人才，有助于提高企业的核心竞争力，有助于降低企业的生产成本，提高生产效率，增强市场竞争能力，从而促进企业的发展。

3.职业核心素养培养直接影响着国家经济的发展

从国家的视角来看，一个民族的职业核心素养对一个国家的经济发展起着至关重要的作用。所以，对职业的核心素养进行训练是非常必要的。当前，中职毕业生对自身素质的要求较低。职业核心技能的缺失使就业形势不容乐观。如何提高中职学生的职业素养，是当前迫切需要解决的问题。为此，中职教育应立足于现实，进行深层次的调查，重视对学生的专业素质的培养，为中国的社会主义经济建设做出积极的贡献。

第三节　职业核心素养的提升路径

职业核心素养是多元化、具有高度灵活性和建构性的，因此，它的培育和提升路径同样是多样化的、能动的。大到培养方针与计划的制订，小到教学任务和目标的落实，都可看作潜移默化培养个体职业核心素养的有效途径。职业核心素养的培养应该着眼于整座"冰山"，并以培养显性职业素养为基础，重点培养隐性职业素养。当然，这个培养过程不是学生、学校、社会企业哪一方能够单独完成的，而应该由三方共同协作，实现"三方共赢"。以下内容为职业核心素养培养和提升提供几个行之有效的路径，以期能为职业院校和行业企业中的职业培训体系提供有效的借鉴。

一、自我培养层面

作为职业素养培养主体的中职生，在学校期间应该学会自我培养。

（一）培养职业意识

很多中职毕业生在跨进校门之时就认为已经完成了学习任务了。这正是他们在就业时感到压力的根源。因此，在校期间，每个中职生应明确：我是个什么样的人？我将来想做什么？我能做什么？环境能支持我做什么？着重解决一个问题，就是认识自己的人格特征，包括自己的气质、性格和能力，以及自己的人格倾向。包括兴趣动机、需要、价值观等，据此来确定自己的人格是否与理想的职业相符。对自己的优势和不足有一个比较客观的认识，结合环境如市场需要、社会资源等确定自己的发展方向和职业选择范围。

（二）显性职业核心素养的培养

配合学校的教学工作，对中职生的核心能力，如知识、技能等进行培训。通过教育和训练，可以轻易地掌握诸如专业行为和专业技术等核心专业品质。本课程的目标是让学生掌握系统化的基本知识，加深对所学知识的了解与运用，培养学生的学习技巧，培养他们的学习习惯。因此，中职学生要积极配合学校的训练计划，认真地完成学业，并充分利用网络资源、图书馆等各种教育资源，以获得更多的知识和技能，以满足今后的就业需要。

（三）隐性职业核心素养的培养

职业道德、职业态度、职业作风等方面潜移默化的职业素养是中职学生职业核心素养教育的重要内容。职业核心素质包括独立性、责任感、专业性、团队意识、职业道德等。一名记者认为，缺乏独立性、争风头、不愿意到基地里受罪，很可能会断送他们的未来。现在，一些中职生是在"6+1"的独生子女家庭里成长，所以他们不善于独立，不能承担责任，不能与别人分享。因此，中职学生要自觉地培养自己的独立，在学校的学习与生活中，学会分享，勇于担当，不把过错和责任推给别人。

中职学生的核心职业素质是通过自身素质的提升而实现的。同时，要有较强的精神状态，增强应付压力、挫折的能力，并善于在逆境中寻求机遇。

二、学校培养层面

职业核心素养整体综合素质的体现，学校应该从以下五个方面着手加强对学生职业核心素养的培养。

（一）把职业核心素养的培养纳入培养的系统工程

从中职生入学那天起，学校就应该让他们了解学校与社会、学习与工作、自我与工作之间的关系。要全面培养职业学生的显性和隐性职业素养，着力培养隐性职业素养。对于每一所职业学校来说，中职生核心专业能力的培养必须从整体教学体系开始，并将核心专业能力培养明确纳入教学任务。

首先，要将职业核心素养的培养列入人才培养计划中。人才的培养是长效的体制机制，它涉及职业学校学生学习专业方向、学习模式、考核评估模式和就业发展方向等方方面面。各中职学校应建立起职业核心素养培育的长效机制，通过具体的课堂教学和课后测评，让职业核心素养的培养贯穿于整个职业教育培养体系中，做到专业学习和素养提升齐头并进。如此，个体才能够获得技能和素养的双重进步。

其次，要将职业核心素养的培养纳入专业教学计划。职业教育是注重实操的教育，理论课程与实践课程享有同等重要的地位。一方面，教师在理论课程的传道授业过程中，应有意识地融入良好职业道德、职业价值观和职业态度方面的内容；另一方面，在实操课程和具体的实践中，教师应当结合不同专业课程的教学任务，引导中职生进行良性的小组竞争与合作，并创设一定的职业情境来锻炼中职生的职业核心素养，组织中职生进行课后的总结与反思。从而来主动强化中职生的素养意识，提升中职生对自身的职业素养要求。

最后，要将职业核心素养的培养落实到具体的课程体系与课堂教学中。任何教学计划与大纲，终究要落实到每一节的课堂教学中来。职业核心素养作为核心素养的重要组成部分与外延之一，同样需要专门课程的创设、讲解与指导。因此，在各职业学校中设立专门的职业核心素养课程是至关重要的。在专门的职业核心素养课程中，教师能够对学生进行职业道德人格、职业理想信念、职业行为习惯等一系列职业核心素养的教授，给中职生以直观的讲解与启发；在专业课和实操课堂中，教师同样应将职业核心素养所强调的心理品质潜移默化进课堂教学过程中，引导学生在思维和行动方向上朝着良好的职业素养方向靠拢，并最终将其内化为个人的心理品质。

（二）构建科学的职业核心素养培养观念及评价机制

如以就业指导部门为基础成立学生职业发展中心，并开设相应的课程，及时向学生提供职业教育和实际的职业指导，最好是配合提供相关的社会资源。另外，深入了解学生需求。改进教学方法，提高中职生对专业学习的兴趣，满足中职生对本专业各门课程的求知需求，尽可能向中职生提供正确、新颖的学科信息。

一套较为完备的培养方案或体系，离不开一套评价机制与其相辅相成。职业核心素养的培养同样如此。职业核心素养并非一套固定的组成和模式，故其评价机制也不能单纯复制类似随堂测验、期中考试之类的普通教育评价模式。结合职业核心素养培养这一过程的复杂、灵活和多元化特征，一套与之匹配的评价机制的创建和完善，势必要经历更为复杂的指标筛选和体系建构过程。而此种评价机制目前在我国也仍处在不断摸索和探究的过程中。近年来，已有学者以职业教育的某个特定阶段（如中职）为试点，试验并创建出了一套信效度较高、可操作性较强的职业核心素养评价机制，用以评价中职生的职业核心素养和全面发展水平。就我国整个职业教育体系而言，建立相对完整的职业核心素养评价机制在未来一段时间内仍是学术探索的重点。

（三）形成正确的职业培养意识

引导中职生建立正确的人生价值观，培养良好的学习与人生态度，使其对社会有更多的认识与观察，并与自己的现实状况相结合，使其在职场中建立起一种正确、合理的工作态度。

第一，了解职业意义，渗透职业意识。

从一定意义上说，学习阶段是一个重要的职业研究阶段。中职生应按照自己的人生愿望、职业兴趣和技术要求，在社会需要、职业要求、职业目的的基础上，通过学习相关的专业知识，提高职业素质和技能，为将来步入社会、从事职业研究打下基础。所以，让中职生认识到在学校学习的重要性。

每个人在事业上都要经过一些阶段，为使中职生更好地认识到职业对个人、家庭和社会的重要意义，对他们的职业发展和职业能力的培养都是有益的。从入学之初，学校就应为其将来的职业发展做好充分的准备，逐渐地向其渗透职业意识，使学生向"准专业"转变。一旦中职生与社会脱节，缺乏专业观念，就会影响到他们今后的事业发展与前途。

第二，树立自信心，形成职业意识。

自信心对于一个"专业人士"来说是一个很大的动力。培养中职生的自信心，处理好人生中遇到的各种挫折，是实现道德教育的重要内容，也是培养中职生的职业自觉的先决条件。充满信心的人能够更积极地参与到社交活动中去，他们能发现自己的事业是什么，也能为自己的事业做好准备。自信的人具有更好的生存能力、生理和心理状态，可以更好地适应社会。学校有培养中职生的自信心，使其能正确理解自我，发掘潜能，与社会需要、个性相结合的专业精神。

第三，结合专业学习，确立职业理想。

中职生的职业理想，是指以特定的世界观、人生观、价值观为指引，对自己的职业生涯与发展的设想与构想。职业理想是一个人对事业的评价和满足程度的标准。职业理想的建立是一个由抽象到具体、不稳定到稳定、主观和客观相结合的过程。当代中职生是未来社会发展的中流砥柱，要树立正确的职业理想，正确评价自己的职业价值，增强自己的择业能力和创新能力。

职业理想教育要与中职生的专业知识系统相结合，而职业理想的培养要贯穿中职教学与培养的全过程。中职生对专业知识的掌握和职业理想的实现是密不可分的关系：中职生要达到自己的职业理想，就必须在学校里学到专业的知识，并掌握专业的技术，进而推动自己的事业发展和成功。中职生要树立热爱工作、服务国家的理想，把自己的专业知识和自己的理想结合起来。

（四）明确专业技能的重要性

近年来，国家加快职业教育办学思想、办学体制、培养模式的变革，一个适应社会主义现代化建设需要的现代职业教育体系基本形成。由于明确了"以服务为宗旨、以就业为导向"的方针，职业教育办学思想实现了重大转变，局面豁然开朗，路子越走越宽。通过实施"国家技能型人才培养培训工程""国家农村劳动力转移培训工程""农村实用人才培训工程"和"成人继续教育和再就业培训工程"，每年培训城乡劳动者达到 1.5 亿人次。职业教育事业的发展为经济发展做出了贡献，为促进就业做出了贡献，为社会和谐做出了贡献。

职业技术训练应了解市场的需求，并根据市场的需要，开设相应的专门课程，为中职生提供更多的工作机会。近几年来，中职生的职业技能生疏现象存在，相对于正规人员的工作能力，这主要是由于当前的学历教育在一定程度上侧重于理论知识的培养，而在专业技能和实践上的不足。同时，中职生对职业技能和实践能力的认识不足，在学习过程中还处在一种"潜意识""主动"的状态。一方面，中等职业教育没有充分的实习机会；另一方面，中职生的积极性不高，在这种双重作用下，中职生如何能够得到公司的青睐？

21世纪是一个发展知识经济的世纪,各国之间的经济、技术力量之间的较量,将会更加激烈和残酷,而职业技能教育对提高劳动者素质、促进就业、实现经济增长、缓解就业压力、促进地方经济发展、促进社会和谐稳定发挥着越来越重要的作用。虽然可以引入先进的技术,可以学习现代的管理方式,可以引进高端人才,但是大量的技术人员,却无法引进,只能通过职业技术教育来培养。越来越多的人意识到,有文化、有实力的人才更具有吸引力,在工作中更有竞争力。过去,人们过分注重高学历,一说"人才",往往就想到那些高学历、高文凭的人。随着市场经济的不断完善和市场竞争的日趋激烈,全社会对"人才"的认识正在发生着微妙的变化,这种变化就是从注重文凭向注重实际操作能力转变。人才市场最近出现一种概念:由原来的高学历、中职称就是人才,转向"有需求才是人才"。文凭高,但缺乏操作能力的人,并不受市场欢迎;同时,那些技能高超的"高级蓝领"则身价大涨。人们开始认识到学历高代替不了操作能力强;那些尽管学历不高,但动手能力强、技能水平高的人才,正是实际工作中适用和急需的人才。

技能型人才供不应求的现象,令人深思。有关人士分析,高学历并不等于高级人才,以学历和技能比,有时技能对企业的作用更重要更现实,因为发展经济讲究要以最小的成本换取最大的价值。而高学历者一般对工资待遇、工作环境都要求比较高,他们中的不少人往往缺少实际操作技能,而技能型人才一般比较实用,他们对高质量的产品生产起着重要的作用。

（五）明确职业生涯规划的重要性

职业生涯规划是指个体与组织的结合,通过测量、分析、总结、研究个体的兴趣、能力、特长、经验及不足等因素,从不同的角度进行全面的分析和衡量,并结合时代特征,根据自己的专业取向,选择自己的职业发展方向,为达到这个目的做出合理的安排。职业规划的目标是为自己的将来做好计划。做职业规划的同时,也是认识、分析、要求自己的一个过程,让学生按照自己的个性进行职业规划,明确自己的事业发展方向,规划自己的前途,为自己的人生选择一条适合的人生道路,从而达到自己的人生理想。

（六）优化职业核心素养培育的外部路径

在中职教育中,主要体现在提高教师素质、培养"双师型"教师等方面。高素质的师资是保障中职高专人才培养的重要保障。在职业教育资源中,教师的质量关系到各种职业教育资源的整合效率。针对中职院校的办学特色，中职院校师资队伍建设要符合中职院校对专业技术人员的能力需求，并将其定位为"双师型"师资、技工专业。"双师型"师资队伍的建立，一是定期、不定时地把中职毕业生派往有关工作岗位上进行培训、学习和锻炼，帮助他们了解和掌握一门专业技术，并积累实际工作经验。二是从企业引进技术人员担任兼职教师，对学生进行技术培训。"双师型"师资的培养是一个整体化的过程。原来，教师和技术员在工作中都不能很好地适应职业教育的发展，但是通过工作交换经验与学习，他们都获得了发展和进步。另外，在师资交流与分享上，也表现为地方中职教育的师资交流与分享，以及中职学校与普通高中学校教育的交流与分享。在工业密集地区，地方中职院校的专业设置必然要围绕其优势行业展开，从而使学校的师资共享成为可能。当然，教师的资源交换与共享不能完全依赖教师个人的意愿，而要根据学校的实际需求，进行统筹、协调、落实。

三、社会资源与中职生职业核心素养的培养

中职生职业核心素养的培养不能仅仅依靠学生和学校本身，社会资源的支持也很重要。很多企业都想把毕业生直接投入"使用"，却发现很困难。企业也逐渐认识到，要想获得职业核心素养较好的中职毕业生，企业也应该参与到中职生的培养中来，企业可以通过以下方式来进行。

第一，企业与学校联合培养中职生，提供实习基地以及科研实验基地。

第二，企业家、专业人士走进中职学校，直接提供实践知识、宣传企业文化。

第三，完善社会培训机制，让社会培训机构走入学校对中职生进行专业的入职培训以及职业素质拓展训练等。

总之，中职生职业核心素养的培养是目前职业教育的重要任务之一，而这一任务的进行，需要中职生、学校及社会三方面的协同配合努力才能有效。

要增强中职生的职业意识，通过多种教育渠道，提升他们的情商。这就要求中职学校从社会需求出发，加快构建以培养"上岗能力、迁移能力、人格发展能力"为目标、以"职业素养、知识结构、职业能力"为要素的高技能人才培养模式，培养高素质的职业人、合格的社会公民，这是帮助中职毕业生实现"个人梦"，进而为"中国梦"做出贡献的现实路径。为此，这些年来我们始终着眼于培养学生的职业能力，注重中职生情商的培育和提升，并对此进行了积极探索，取得了可喜的成果。

（一）构建职业意识和情商培养的载体

系统训练体系的发展。为加强优质教育的完整性、系统性和相关性，开展核心职业技能基本课程。开展职业素质提高课程，注重科学素养和人文素养，遵循"学以致用，服务社会，锻炼和提高质量"的方针，全面提高学生的专业素质。推行职业品质与工作环境文化的训练，以提升及强化中职生的价值及培养专业的荣誉感、责任心、敬业、和谐感，为社会做出扎实的贡献。

将职业认知与情商训练融入中职教育与训练之中。在专业知识传授过程中，要注意对中职生的情绪品质与心理品质进行有机的培养与训练。让学生认识到科学发现与发明的历程，以及科学家们奋斗的历程。在专业教学中，培养学生对科学的审美情趣，培养科学的思维方式。在试验和培训课程中，中职生要学会承受挫折、持久的毅力以及团队合作。

组织各种不同类型的中职专业学习活动。例如技能节、科技创新节、文化艺术节、心理教育节、住房节、新生活动月、阅读活动月、志愿服务月、社区文化月、建筑文化周、心理健康周、科普周等。培养学生服务意识、创新意识、学习意识、主动参与意识、协调能力、团队协作意识。培养学生良好的自信心、良好的人格品质、良好的心态；学生具有独立分析和解决问题的能力，有良好的判断、快速的反应、果断的行动和逻辑思维；培养公平竞争、团结协作的良好社会风尚，培养具有良好人格、德智体综合素质的职业化人才。

（二）将职业核心素养的培育融入企业心理文化中

在各职业学校以外，社会中的行业企业、各职业培训机构，同样需要重视对从业者职业核心素养的培育和锻炼。

优质的企业心理文化是任何企业得以长久生存的价值源泉，它是企业群体意识、群体行为规范的风向标，更是企业上下共同的价值追求。将职业核心素养融入企业心理文化中，具体而言，即指将良好的职业理想信念、职业价值观、职业行为习惯和职业责任意识等融入企业的日常建设中来，通过口号标语、团建活动、日常熏陶等方式，将良好的职业核心素养转化成企业哲学、企业心理文化的重要组成部分。表现在每位职工身上，则是内化于心，外化于行，从而建设从管理到执行阶层上下贯通的集体职业核心素养。

通过成立素质拓展中心，建立学生创业园区，设立仿真实训基地等，借鉴和吸纳优秀企业的价值观、经营理念、企业心理，把创新意识、诚信观念竞争意识、质量意识、效率意识、服务理念以及敬业创业心理渗透到学生培养的全过程，将校园文化和企业文化有机融合，使学校培养理念与企业文化观念有机结合；打破以往单纯灌输的模式，让学生切身感受企业的经营理念和行为方式，从而缩短职业院校课程与社会工作的距离，最终落实培养企业所需的应用型职业人才这一根本目标。

（三）实践实训的教学和职业意识养成与情商培养相结合

专业观念是在特定的专业环境和实践中逐步形成的。职业训练是培养中职生职业素质的重要途径。第一，在实际操作中，教师要注意培养中职生的职业道德。例如，敬业、诚实、努力工作、团结合作、精益求精、创新、遵纪守法、严格自律、安全意识、服务意识、敬业精神等。只有在"职场"中，中职生才能学会职业操守，从而形成职业道德，使之成为自身的道德规范。第二，要培养中职生的职业道德和职业道德。例如，规范意识和标准意识。培养良好的工作习惯，严格执行作业规程及工作规程；培养中职生的安全意识，具备基本的安全知识。第三，要让学生树立正确的职业价值观念。第四，要注意培养中职生的集体主义精神和团队精神。

第二章　中职生职业核心发展素养

探索学生核心能力的发展是适应全球教育发展趋势的必然需要，也是提高中职教育国际竞争力的迫切需要。学生核心能力的培养是党的教育方针的体现。职业中职生核心能力的培养是教育改革的需要，也是德育的重要任务和内容。作为职业中职德育的主要阵地，职业中职德育应将学生核心能力的培养纳入教育教学实践。职业中职德育课程的主要目标，如职业规划、职业道德和法律以及就业和创业辅导，是培养中职生的核心职业能力，即中职生在职业工作中必须具备的性格和关键能力，以适应终身发展和社会发展的需要。职业中职的教师必须注意在教育和教学过程中保持中职生的核心专业素质。

第一节　中职生应掌握学习方式

人类已进入信息化时代，科学技术日新月异，知识推陈出新的周期不断缩短，这需要我们树立终身学习的理念，学会学习、学会求知，培养不断适应环境变化的思维模式和快速接受新生事物的能力，这将成为面向未来和适应职场的基本能力。

一、终身学习

（一）概念

终身学习是指社会每一个成员为适应个人发展和社会发展的需要而经历的持续学习过程，也就是我们常说的"活到老学到老"。法国教育家保罗·朗格兰（Paul Lengrand）首先提出了终身教育的理念，认为教育应该是每个人生活的过程，通过联合国教科文组织和其他相关国际机构的大力支持、推广和普及，终身教育和学习的概念已在全世界传播。终身学习启发我们树立终身教育的理念，使学生能够学习，最重要的是培养学生，养成积极主动、不断探索、自我更新、应用学习和优化知识的良好习惯。终身教育已成为现代教育中一种强烈而鼓舞人心的教育趋势。关于终身教育的概念，重要的是教育贯穿一生。因此，有必要将教育与生活紧密联系起来，这对制度化教育提出了挑战。我们必须注意个人发展的完整性和连续性。终身教育比传统教育更能展现每个人的人格。

（二）特点

1. 终身性

终身性是终身教育的最大特点，突破了正规学校的框架，将教育视为生活中的持续学习过程，是人们在生活中接受的各种教育的总和，实现了从学前到老年的整个教育过程的统一，包括正规教育、非正规教育及教育系统的所有层次和形式。

2. 全民性

终身教育的普遍性意味着接受终身教育的人包括所有人，不分性别、年龄和种族。联合国教科文组织汉堡的教育研究人员认为，终身教育具有民主化的特点，并拒绝接受教育知识为所谓精英服务的观点，从而使具有多种能力的普通人群能够平等地获得教育机会。

3. 广泛性

终身教育不仅包括家庭教育、学校教育，还包括社会教育。可以说，涵盖了所有层次的人，是在任何时候、任何地方、任何场合都可以进行的教育。终身教育扩大了学习的世界，为整个教育问题注入了新的活力。

4. 灵活性

终身教育的灵活性在于任何需要学习的人都可以随时随地接受任何形式的教育。学习的时间、地点、内容和方法由个人决定。人们可以根据自己的特点和需求选择最适合自己的学习方式。

二、学习策略

（一）定义

学习策略是指学生为了提高学习效率，有目的、有意识地制订的有关学习过程的复杂的方案。

（二）认知策略

认知策略是学生信息加工的方法和技术。其基本功能有两个：一是对信息进行有效的加工和整理，二是对信息进行分门别类的系统储存。

1. 注意策略

注意策略是指学生在学习情境中激活并保持学习心理状态，将注意力集中在相关学习信息或重要信息上，并对学习材料保持高度意识和警觉状态的学习策略。它是指学习活动的所有阶段，其主要作用是帮助学生实现感知导向，实施自我控制，提高学习的重要性。在教学过程中，教师可以通过以下方式将学生的注意力集中在课堂上。

①设置教学目标，告知学生本课的目标。

②使用表示重点的线索，如使用手势。

③增加材料的情绪性，多用带感情色彩的词汇。

④使用独特的或奇特的方法刺激学生。

⑤告知学生后面讲的内容对他们很重要。

2. 复述策略

复述策略是在工作记忆中为了保持信息而对信息进行多次重复的过程。长时间记忆中也会用到复述策略。常用的复述策略有排除干扰，抑制和促进，首位和近位效应，及时复习，集中复习和分散复习，部分学习和整体学习，自问自答或尝试背诵，过渡学习，自动化，实施——在实践中学习，情境相似性和情绪生理状态的影响，心向、态度和兴趣的影响，画线。

3. 精细加工策略

所谓精细加工，主要指对学习材料进行深入细致的分析加工，理解其内在的深层意义，促进记忆的学习策略。即通过把新学的信息和已有的知识联系起来，以此来增加新信息的意义，也就是说我们运用已有的图式和已有的知识使信息合理化。通常精细加工就是我们所说的记忆方法。

4. 编码与组织策略

编码和组织策略是学习和记忆新信息的重要手段，其方法是将学习材料分成一些小的单元，并把这些小的单元置于适当的类别之中，从而使每项信息和其他信息联系在一起。

（三）元认知策略

1.元认知的概念

在学习的信息处理系统中，有一个信息流的执行控制过程，监督和指导认知活动的操作过程，负责评估学习问题，确定解决问题的学习策略，负责评估所选策略的影响，并通过改变策略改善学习结果，这种执行控制功能的基础是元认知。

2.元认知的作用

①元认知可以提高认知活动的效率和效果。

②元认知的发展可以促进智力的发展。

③元认知的发展有助于个人发挥主体性。

3.元认知策略

元认知策略是指对学生学习过程的有效监控。它让学生认识到在他们的注意力和理解中可能出现的问题，以便识别和修改它们。

在学习中，学生应该学会运用一些策略来评估他们的理解，预测学习时间，选择有效的学习计划和解决问题的方法。如果读了一本书，遇到了无法理解的段落，该怎么办？可以再慢慢读一遍，也许可以回到本章的前一部分，这意味着应该学会知道不理解什么以及如何纠正自己。此外，应该能够预测可能发生的事情，或者说什么是明智的，什么不是明智的。

（四）资源管理策略

资源管理策略是帮助学生管理可用环境和资源的策略，帮助学生适应环境，使环境适应自己的需要，并在激励学生学习方面发挥重要作用，主要包括时间管理策略、环境管理策略、努力管理策略和学术求助策略。

1.时间管理策略

①整体安排学习时间。

②有效利用最佳时间。

③灵活利用碎片时间。

2.环境管理策略

环境管理策略是指设计好自己的学习环境以提高学习效率的策略。根据人们在感知环境信息过程中是否受到影响，认知风格可分为场独立型和场依赖型。具有场独立认知风格的人在判断客观事物时往往以自己的内心为参照，不易受到外界因素的影响和损害；具有场依赖认知风格的人在对对象的感知中倾向于使用外部参照作为信息处理的基础，并且很难摆脱环境因素的影响，他们的态度和自我认知更容易受到周围人的影响和干扰，他们善于观察情况，关注语言信息中的社会内容并记住它。

3. 努力管理策略

努力管理策略是指学生将自己的学习成果归因于自己的努力，并通过调整自己的情绪、自我表达、毅力和自我赋权来激发学习热情的策略。该策略的目的是使学生能够更有效地投入学习。具体来说，包括情绪管理、动机控制和自我强化策略，系统学习通常需要意志力。为了让学生保持意志力，有必要不断鼓励学生自我激励。比如激发内在动力，树立学习的信念，掌握学习状况。

4. 学业求助策略

学业求助策略是指学生在学习困难时向他人寻求帮助的行为。这是一种需要社会支持的策略。

三、中职生需要学习的理由

（一）学习是科技迅猛发展的客观要求

现阶段，知识总量增长越来越快。19 世纪，人类知识总量每 50 年翻一番，20 世纪初每 30 年翻一番，50 年代每 10 年翻一番，70 年代每 5 年翻一番，20 世纪末每 3 年翻一番。20 世纪 60 年代至 70 年代的发明数量超过了过去两千年的总和。

在这个知识爆炸的时代，我们应该如何学会适应当下的挑战？中国有句古话："授人以鱼不如授人以渔"，意思是授人以学知识的方法，胜于授人以现有的知识。事实很简单：鱼是目标，钓鱼是方法。一条鱼可以暂时解决饥饿，但不能长期解决饥饿，既然不可能教孩子所有的科学知识，那么最好教孩子如何学习。

（二）学习是适应社会的客观要求

学习是社会发展的客观要求。达尔文的进化论早就提出了"适者生存"的理论。如果社会上的每个人都学会了，那么我们就必须根据社会的需要来适应社会。只有这样，我们才能在社会上实现更好的发展。只有这样，我们才能有一个好的视角来衡量我们所经历的变化是积极的还是消极的。

（三）学习是中职生就业的必然性要求

目前，中职生的就业问题一直存在，其原因主要体现在以下几个方面：

1. 就业心理准备不足，自我角色转换不够及时

对于 80% 的中职生来说，学校学习的生活和环境是十分安全的，人际关系也相对简单，因此当他们步入社会以后面对复杂的社会环境，会出现不适应的状况。由此可见，在开始职业生涯之前，最重要的是快速完成自我角色转换，为就业做好准备。学校应该设身处地，冷静客观地帮助学生尽快适应职业状态，更好地服务社会，积极适应社会的需求。

2. 自我认识、自我了解不够准确

人格是个体的统一心理观，是指由这些稳定的、个体的心理特征和人类心理活动的心理倾向组成的层次动态的整体结构。它通过稳定的行为模式和个人的态度系统来体现。中职生通过不断的自我学习、自我评价，同学之间的相互交流，可以迅速准确地了解自己，只有对自己做出准确的判断，才能在未来的择业就业中，少走弯路，找到适合自己的工作岗位。技能和专业应包括教育和培训的程度，因为教育和培训可以转化为技能和专业。技能是求职和职业成功的重要保证。

3. 择业过程中的心理素质参差不齐

人们在求职和择业中遭遇挫折是正常的，不应该自卑。心理健康的人在生活中总是保持自信，如果他失去了信心，就失去了开启新生活的勇气。遇到挫折时，他需要拥有自信，但有些中职生缺乏这种面对挫折的抵抗力。

为了进一步促进就业和提高就业能力，中职生需要加强学习，提高知识和技能，明确学习对加强就业的重要性。

第二节　中职生应学会吃苦抗压

21 世纪，吃苦心理与抗压能力仍然是我们需要具备的核心品质。职业教育要培养学生吃苦耐劳的心理，进而使得中职生可以更好地掌握专业知识与技能，同时提升学生的抗压能力，为以后的职业生涯做准备。

一、吃苦心理

（一）真正的吃苦是什么

吃苦的本质是长时间专注于某一件事情，研究它的发展，在长时间专注的过程中忍受孤独，不断地精进、复盘、分析、调整、优化。吃苦本质是自控、坚持和深度思考的能力。

学习是苦的，创业是苦的，生活是苦的，几乎每个人都吃过苦头，但不是每个人都能成功。因为有些苦是不必吃的，有些苦是必须吃的，吃不同的苦，会获得不同的结果。"苦"不是看你做了多少事，流了多少汗，而是看你吃得苦有什么价值。真正的吃苦是看你有没有把自己的资源用在正确的地方，每个人都有一块田，这块田可以是我们的生命、时间、精力、天赋、志趣、注意力——也是我们最根本的资源。经营资源如同经营企业，你要把所有的资源高效用在最有价值的事情上才行，也就是说，凡有所为，皆有结果。这就是人生的耕耘之道了。如西汉时期，有一名丞相叫匡衡，匡衡小时候家境贫苦，上不起学，但是他特别渴望读书求知，每天帮父母干完活都会去私塾门口听先生讲课。匡衡勤奋好学，但家中没有蜡烛照明。邻家有灯烛，但光亮照不到他家，匡衡就把墙壁凿了一个洞引来邻家的光亮，让光亮照在书上来读书。同乡有个大户人家很有钱，家里有很多书。匡衡就到他家去做雇工，又不要报酬。主人感到很奇怪，问他为什么这样，他说："主人，我想读遍你家所有的书。"主人听了，深为感叹，就把书借给他读。最后匡衡成了经学家。

（二）吃苦耐劳的职业心理

艰苦朴素，吃苦耐劳是中华民族的优良传统。不怕困难的工匠心理正是中华民族吃苦耐劳优良传统的具体表现之一。古有愚公移山，长年累月，持之以恒，不怕艰难险阻，最终达到了工作目标。随着社会的飞速发展，各行各业的广大工作者更要传承和发扬吃苦耐劳、不怕困难的工匠精神。

因此，努力工作是年轻人应该具备的良好品质之一，特别对中职生而言，文化程度偏低，与高校毕业生在专业知识上存在着一定的差距，那么应该在职业素养、职业心理上凸显自己的优势。许多用人单位在招聘新员工时，需要那些能战胜困难、愿意从小事做起的人。这些年来，有一些年轻人愿意在大城市工作，喜欢找舒适的公寓，想在办公室工作，但不想去工厂、前线、基地或农村地区创业。

事实上，任何职位都可以锻炼人。基础知识越丰富，接触的东西越多，获得的经验越多，潜力就会得到更好的激发，智力和技能就会得到更快的提高。

二、如何培养吃苦心理

对工作的态度已经成为人力资源中颇受关注的因素之一。要想成为能够满足现代公司需求的人才，中职生需要身心健康并拥有努力工作的态度。

目前，部分孩子在父母的一些育儿观念影响下养成了"伸手拿衣服和食物"的坏习惯，他们缺乏努力工作的性格。中职生度过两到三年的校园生活过后就要踏入社会，如果缺乏吃苦耐劳的心理，就会影响前途。

职业学校的学生更容易因为工作强度、工作环境等因素频繁地更换工作，甚至形成"高不成低不就"的就业状态。许多用人单位表示，"应届毕业生面临的最大问题是害怕吃苦"。如今的社会不可能有既轻松，工资又高的工作，而部分中职生在学习以及在毕业后的工作中，没有吃苦的毅力与心理。由此，作为职业教育的工作者应该有所感悟，今天培养中职生吃苦耐劳的心理已成当务之急，重中之重。那么如何培养中职生吃苦耐劳的心理呢？

中职生吃苦耐劳心理的培养是一个系统工程，它需要学校、家庭和社会三位一体的通力合作，共同努力。

（一）在军训中切实做好吃苦能力的培养

新生入学时，学校精心制订军事训练计划，挑选好教师，聘请具有丰富军事训练经验的军官和士兵，为中职生进行军事训练。军事训练的内容和强度能更好地让学生在耐力和吃苦等方面得到很好的锻炼，一般训练时间在半个月左右。在军训期间，所有学生都必须坚持，才能磨砺意志、增强耐力、战胜困难。军事教育不仅要培养中职生坐、站、走、跑和其他基本内容，还要培养学生独立生活的能力。学会自己洗衣服、叠被子和摆放鞋、热水瓶、口杯、毛巾、牙膏等生活用品，并在以后的平常管理中实施这些要求。这也是我们学校严管的内容之一。同时，我们要撰写军事教育总结，讨论军事教育的艰苦训练过程和经验，使学生认识到培养和实践头脑中的需要意识的重要性。

（二）在学习中培养中职生的吃苦耐劳心理

学习要吃苦，中职生有吃苦耐劳的心理是他们学好的前提。在正常的课堂上，校长和学科教师都应该给学生一定的学习压力。具体方法如下：首先，通过个人和情感教育，激发学生的学习兴趣，增强学生学习的内在动力；其次，教育学生树立学习目标，认识学习的重要性，注重培养学生的个人责任感、家庭责任感和社会责任感；再次，培养学生的勤奋和学习毅力；最后，从学生专心听讲、认真记笔记、认真做作业开始，培养学生良好的学习习惯。如果你想深入学习，你必须勤奋。努力学习是有办法的，学习是永无止境的。所有这些都表明，只有通过发自内心的主动学习，才能真正地达到学习的目的和效果。

（三）在实操课中培养中职生的吃苦耐劳心理

实践课是专业学生培养技能和专业素养的重要环节，也是培养中职生拼搏心理的最佳机会。我们学校有很多班级是工科班，如汽修、模具数控等，他们经常到实操室进行实操训练学习，这也是我们培养学生吃苦耐劳的好场所。我们可以有以下办法：一是制定严格的经营管理制度。实践练习有明确的要求。在实践练习中，每个学生必须保持自己的位置，认真完成实践练习，不应因为学生害怕脏和累而放松要求。二是引入严格的评价体系。学生的实践表现包括实践影响、纪律、态度和表现。其中实践表现要求学生在实践中不怕硬、不怕累、不怕脏，苦学苦练，不断提高。三是学生有义务保持实习现场和实习车间的清洁。四是学生还必须遵守规则和纪律。

（四）在体育课中培养中职生的吃苦耐劳心理

积极、勇于拼搏的心态是一个社会发展的推动力，是一个公司取得胜利所必需的品质。运动教学竞赛以竞赛的魅力来吸引同学。中职生在运动竞赛中，能够增强自身的自信与动力，使自己在不断地超过别人、超过自己的过程中取得正面的情绪感受。运动中常有输有赢。它能够训练学生有经受挫折与失败的心理素质，使他们能够更好地克服各种困难和挑战。运动竞赛有严格的规则。在竞赛过程中，学员应遵守竞赛的各项规定，这有利于训练学员自律，并能有效地控制自己的心情。在室外，特别是夏天和冬天，要忍受严酷的天气，要学会各种运动技巧，必须不断地进行训练。学生要承受体力和肌肉的疼痛，这是训练他们坚韧毅力和坚韧精神的最好的练习和训练。这为中职生在进入公司后能更快地融入公司的工作和工作环境打下了坚实的根基。

（五）在日常行为习惯养成教育中培养中职生的吃苦耐劳心理

俗话说："行为塑造习惯，习惯形成性格，性格决定人生。"为了培养学生良好的道德品质，我们必须开始培养学生的良好行为习惯，同时培养学生勤奋的头脑。首先，我们可以在全校营造良好的教育氛围，开展各类艰苦奋斗心理主题建设活动，如"培育艰苦奋斗心理，铸就辉煌人生"主题班会教育评价活动，开展了"艰苦奋斗是人生成功的先导"征文活动和"艰苦奋斗与人生"专题报评比活动，开展了"红军二万长征教育学习回顾"等主题教育，将教育融入活动中，不仅培养了学生的感情，同时也培养了学生的拼搏心理，使许多学生认识到了拼搏心理的重要性，增强了他们的学习意识。其次，我们还在学校进行了健康评估，即以培养学生的基本生活和工作习惯、"扫地"和"好好打扫"为突破口，努力强化学生的工作观念，培养学生的勤奋心理。最后，开展标准化教室和宿舍的评估活动。对教室和宿舍的布局进行评分。

（六）利用学校维修队培养中职生的吃苦耐劳心理

学校维修队在很多时候需要做很多事情，而且很多都是比较辛苦的事情，但可以学到很多东西，更可以锻炼学生吃苦耐劳的心理，我们可以鼓励学生积极参加并坚持岗位，尽心尽力地为学校、学生提供维修服务，这样不但锻炼了自己，更能体会到助人为乐的乐趣。学校如果能更多地为学生提供岗位，让他们在实践中得到锻炼，这对培养学生的吃苦耐劳心理是有很大的帮助的。

（七）在家庭教育中培养中职生的吃苦耐劳心理

对中职生的吃苦耐劳心理的教育与培养是一个复杂的系统工程，它需要学校、家庭、社会的三方面的同心协力，其中家庭教育特别是父母的态度起到至关重要的作用。为了了解中职生在家庭教育中的实际情况，学校可以制作家庭调查表，对学生在家里的一些情况进行了问卷调查。针对调查到的情况，一方面，学校给每个父母都发了一份"致父母的信"，告诉他们父母要培养他们的勤奋心理的重要性和必要性。另一方面，学校也要意识到家长对子女的勤勉心理的重视；同时，我们还组织了一系列的"勤俭节约，从家里做起"的教育，使他们懂得如何关心自己的人生，如何主动地帮助父母分担生活的压力，如何感激父母。

（八）在假期实践中培养中职生的吃苦耐劳心理

作为班主任，在平时与中职生的接触中发现，一部分"00后"的中职生有一个很不好的心理现象，那就是他们不会体谅父母的艰辛，不会体谅教师的苦心，反而认为父母、教师苦心帮助他们是应该的，而自己我行我素，不会理会别人感受，不会站在别人的角度考虑问题，当受到别人的批评时只会认为他自己受委屈，把父母和教师耐心、苦心的教育当成多事并反感。像这种不懂得理解和感恩的思想在学生中偶有存在,这是因为很多同学没有真正体会到挣钱困难和生活的艰难。如果有条件的话让他们在假期中参加社会劳动,或者打假期工,让他们体会真正工作的辛苦。有利于培养中职生的吃苦耐劳心理,使他们学会感恩。

在加强对中职生艰苦奋斗的研究中,要大胆尝试,努力实践,努力在学校、班级中形成一种良好的教学环境,推动学校的持续创新与发展。

三、抗压能力

(一)抗压能力的概念

抗压能力是指心理承受能力,是个体对逆境引起的心理压力和负面情绪承受与调节的能力。主要是适应力、容忍力、耐力和克服逆境的能力。一定的心理承受能力是个体良好心理素质的重要组成部分。与"心理素质"一样,"心理承受力"也从生活概念进入心理学领域。

(二)心理压力概述

心理压力是由于外界环境及体内状况的改变而引起的生理和情感的波动。造成心理紧张的原因多种多样,其根源和本质也各不相同。可能是社会上的,也可能是家里的;可能是令人愉悦的或令人不快的;可能是有利的或是有害的。不管怎么说,人们都应该有办法去应对这种压力。通常情况下,短期的心理紧张不会对身体和心理造成伤害,但是长期的心理紧张可能会引起身体的过度反应。如果不能正确地战胜不良的心理压力,就可能引发多种病症。心理压力与人的工作效率息息相关,适度的心理压力可以使人的生产力得到提升,但是过度的心理紧张会使人的工作效率下降。

(三)心理压力来源

心理紧张,也就是所谓的压力来源,是一种能引起紧张反应的因素,它会对个体造成压力的反应。总之,所有能够引发心理压力的内外刺激均可视为压力来源。在我们的日常生活中,压力有很多种,包括生理、心理、社会、时间。

1. 生理压力源

生理压力是一种物理的、化学的和生物的刺激,它能直接地影响和摧毁一个人的生命和延续。自然灾害,如地震、洪水、风暴、干旱等;生物环境发生异常,如森林环境、草原环境、城市环境等。与此同时,身体上的创伤、疾病、饥饿、缺乏睡眠也都会给个体带来生理压力。

2. 心理压力源

心理压力源是指由于生活、训练、学习、人际关系等因素的长期生活经历（容易产生偏执、嫉妒、懊悔、怨恨等）或由于生活、训练、学习、人际关系等方面的不平衡而产生的心理冲突和挫折。心理矛盾与挫折是造成学生心理紧张的重要原因。从上学到工作，从升职到退休，每个人都要经历角色转换、角色调整、目标设定和目标转变。个人目标的达成和企业对优秀人才的需要始终存在着冲突。心理压力的主要因素是认识和评估与客观实际、规律相违背。

3. 社会压力源

社会压力是指个体的社会需要受到直接的阻挠和损害，其中包括单纯的社会性（社会重大变化、重大人际关系破裂等），以及由于自身的原因而导致的人际关系调整（如不良的社会交往）。参与重大活动，如晋升、结婚、恋爱、亲人生病或死亡、夫妻分居、孩子的赡养，这些都是社交压力的原因。除了人生大事对人的影响，还有一些日常琐碎的事情也会对人造成影响，如被批评、被忽视、没有训练、小事故、忘记一些事情、被迫社交、尴尬、交通堵塞、恶劣的天气、被误解、延误、被打扰等。

4. 时间压力源

时间压力是指个体觉得没有足够的时间或者是觉得时间非常短暂的主观认知。在当代社会，时间压力是一个普遍存在的问题。随着社会竞争的日益激烈，人们的生活节奏也在不断地提高。德国的一项关于 35 000 人的调查表明，有47.3% 的人认为没有足够的时间，在快速发展的今天，人们的生活中存在着大量的时间压力，这给我们的工作和生活带来了巨大的冲击。

（四）心理压力分类

压力的种类一般可以分为超压、中性和负压（急性和长期）。积极的压力是指当个体被激励时所产生的有利的压力。当压力持续上升时，正向压力会慢慢地降低到负压力，表现出不健康状态，同时也会有更高的风险。中性的压力是一种感觉上的刺激，不会产生后续的效果，也没有什么好的或坏的。耶克斯（R. M. Yerkes）和多德森（J. D. Dodson）通过一系列的调查，得出了一个倒"U"形的关系，即工作绩效和心理健康。这意味着，在适当的压力下，员工的工作能力和身体素质都会达到最佳；在这个时候，应激荷尔蒙能够帮助我们改善身体性能和处理信息的能力。当压力在中度以下或以上时，身体机能会开始衰退，工作能力会降低，患病概率也会上升。

（五）调节心理压力的方法

1. 心理训练

心理训练逐步在调整心理压力的过程中起到了积极的作用,对改善心理素质、提高应对能力乃至工作能力起到了积极的促进作用。

（1）心理适应能力训练

心理适应是指一个人对外界环境和自身的变化做出的反应。适应性好的人,不管周围的环境有多难,有多复杂,有多大的变化,都能从容应对,不畏惧,始终保持稳定、冷静、积极的心态;适应能力差的人会出现过度紧张、惊慌和被动的反应。心理适应并非与生俱来的,而是在教育、培训、管理等方面逐步形成的。只有经过自觉而严格的心理锻炼,最终我们才能形成能够经受住各种压力的心理品质。

（2）心理承受能力训练

心理承受能力是一个人对外界强烈的影响的心理承受能力。人的心理紧张程度一旦超出了某一程度,就会出现心理疲劳、心理疾病、心理创伤等问题。心理学研究显示,接受过心理训练的人,在受到强烈的外部刺激时,会自觉地调节自己的心理压力,使自己处于适当的紧张状态,并增强其参与心理活动的能力,进而增强其心理承受能力。所以,在日常训练中,我们要充分发挥这种作用,用科学的手段,对其进行"训练",以增强其"抗震"的能力和耐力,进而拓展其心理素质。

心理耐力训练不仅是一种被动的适应性锻炼,更是一种以对应激特性的全面了解为基础的积极锻炼。了解和掌握压力和应激反应的基本知识,可以正确地估计压力准备阶段的风险,并在心理上做好准备,并采取相应的措施;反之,当一个人在紧张的事件中遇到不确定的情形时,会很容易惊慌失措,因为他们没有做好心理准备,也不知道该怎么处理。所以,要想增强个体的心理承受力,就必须加强对应激的认识,并运用这些知识进行训练。

（3）自我意识训练

自我意识是指人的心理和心理活动,也就是对自己的认知,包括对自己的生理状态（如身高、体重等）和心理特征（如兴趣、能力、性情、性格等）的认知。因为每个人都能看见自己,能够调整和控制自己的行动。个体意识的成熟是个体的基本特征,是个体社会化进程中的一个关键因素。自我意识的形成与发展,则是对个人社会化的进一步推动。

自我意识在人的发展中具有渐进性，在自我认识、自我体验和自我监督三者之间的作用和制约下，形成了自我意识。因此，在自我意识发展的规律的前提下，通过与日常生活、学习、工作相结合的灵活、多样的学习方法，使自我认识、评价、体验、适应自我，从而使自我意识得到健康的发展。

2. 学会生活

只有尽快地调整自己的心理状态，转变自己的角色，为未来的学业、生活打下坚实的基础，使他们能够顺利地度过学校时光。学会生活使中职生更快地适应新的学习环境，为他们的健康成长打下坚实的基础。

（1）锻炼自立能力

其实，中职生最大的考验就是要学会如何自力更生，而他们最大的乐趣就是能够自力更生。人要学习如何在最短的时间内成长，以适应不断变化的生存环境。我们只有在独立地处理问题时，才能得到行动和发展自己的独立性。因此，中职生要通过参与体育活动、文化活动、社会活动、社区活动等来认识和改造自己，逐渐增强自身的独立性。

（2）请教身边同学

一是直接询问年龄较大的同学。大部分的中职生都乐于将自己的经验与新生一起分享，以使他们能够更快地融入学校，从而避免走上错误的道路。二是向同年级、同班、同宿舍的学生咨询，也能获得直接的帮助。

（3）参加一定活动

积极参加学校、班级及社团组织的各项活动，通过不同活动能够很好地锻炼团队合作、互助友爱的能力，同时还能促进自身的组织协调能力、语言沟通能力。而且通过活动，与师生之间的交流，可以获得更多的资讯，获得更多的适合自己择业的机会，这对中职生建立良好的就业自信心有着很大的帮助。

（4）学会健康生活

要有充足的时间进行身体运动，并且有着健康合理的饮食和睡觉时间。在业余时间里，可以多读一些喜爱的书籍和报纸，不但能增长知识和智慧，而且能消除忧愁，使性情得到升华，对身心发展都是很有好处的。

3. 学会学习

中职生依然是学生，其主要任务就是学习。所以，中职生要坚持学习。学习不仅是为了获取知识，更是为了了解这个世界。

（1）在专业认同方面

随着时间的推移，有些专业的学生会感到自己对所学的专业没有任何的兴趣，也就看不到自己的专业发展，也就没有了自己的认同。这种巨大的差异会使学生在课堂上不能专心，难以在学习中发现新的根基，难以获得成功。毕业生要耐心地发掘自己的专业兴趣，把自身的能力与价值观念纳入到自己的专业计划之中。另外，我们要清楚地表明，我们要坚持自己的决定，并且要让它变得更加有价值。"挑选我喜欢的，喜欢我喜欢的"，摆脱成见，善于运用机械，主动发掘内心的兴趣。

（2）在学习方法方面

中职教育教学方式的转变，对培养学生的自主学习能力提出了新的要求。正确的学习方式是提高学生学习效率、达到目的的有效途径。青年不但要用功，而且要有科学的学习方法。正确的学习方式常常是事半功倍的。

4. 学会相处

与人之间的融洽关系，是一种人际沟通能力的体现，是维持良好情绪的必要前提，同时也是对人才资源的开发与利用。良好的人际关系能使人获得归属感、安全感，并能体会到与人之间的交流乐趣。与来自不同地域、不同性格、不同行为习惯的中职生，培养和谐、良好的人际关系是十分必要的。因此，中职生应该学习尊重、诚恳地对待每个人，以严谨的态度，接纳别人的优点和缺点，善于与人交流，在交流中与别人建立并维持紧密的合作关系，通过交流与共享，共同发展，克服妒忌心理。另外，要积极参加团体活动，体验团队协作的重要意义，并能感受到团队的温暖和力量。这样才能更快、更好地融入我们的学习、生活中，为以后的发展打下良好的基础。

第三节　中职生应该勇于创新

创新是人类特有的认识与实践能力，是人类在高层次上的主体性的体现。从哲学的观点来看，"创新"是指人们为了满足自己的需求而进行的一种创造性的实践，是对旧有的一种替换与补充；从社会学的观点来看，创新是指人们运用现有的知识和条件，突破传统的思维方式，去发掘和创造新的、独特的、有价值的新的东西及新的观念，从而推动发展；从经济学的观点来看，创新是指人们运用已有的知识和物质，在特定的条件下，对新的事物进行改造或创造，并产生某种正面的结果。

一、创新的概念及特征

（一）创新的概念

正如其名称所示，创新会带来新事物。"创新"这个概念的产生由来已久，如《魏书》"创新反弊"，《周书》"创新改旧"等。"创新"指的是"改革与创新""以新换新"。在英语里，"创新"这个单词在拉丁语里有三层意思：一是更新，即取代原来的事物；二是创造新的东西，即创造过去没有的东西；三是发展和改造原来的东西。

奥地利经济学家约瑟夫·熊彼特（Joseph Alois Schumpeter）于 1912 年在他的作品《经济发展理论》中，第一次提出了"创新"这个概念。熊彼特相信"创新"是把新的生产要素与条件结合到生产体系中，也就是"创造新的生产职能"，从而获得潜在的利益。起初，熊彼特的学说并未得到充分重视。他的著作在 1934年以英文形式发表后，才在学界引起了极大的重视。

中国在 20 世纪 90 年代把"创新"这个术语引进到了科技界，由此产生了"知识创新""科技创新"等诸多名词，"创新"这个概念也随之出现。

创新是指人们为了满足自己的需要，对自己和客观世界的认识和行动的扩展，进而创造出有价值的新思想、新措施和新东西。创新是指人们根据事物的发展规律，利用已知的信息和已有的知识，激发想象，对整个或局部进行改造，从而产生独特的且具有社会价值的新观念、新思想、新理论、新技术、新工艺、新产品和新成果。

（二）创新的特征

1. 目的性

每一项创新活动都有其具体目标，并贯穿整个创新进程。人的创新是一种生产活动，其目标是具体的。如为了揭开纳米材料的奥秘，提升对纳米产业的了解，推动物质产业的发展，提升人类对大自然的改造水平。

2. 价值性

"价值"是指对象在满足其需要时所具有的特性，也就是依据自己的需要而做出的评估。创新的目标是创造活动自身的价值。创新行为与受试者的需要相适应，其价值也就越高。总体而言，创新的社会价值越高，对社会的发展就越有利。反之，如果没有社会价值，创新就不能促进社会的发展，也就失去了它的社会价值。

3.超前性

创新是对已有的东西进行改革与革新，是一次深刻的变化。创新的超前性是建立在实际的基础上的，是实事求是的。

4.新颖性

创新不是模仿，也不是重构。所以，新颖性是其最重要的特点。创新就是向现存的不适当的东西提出要求，把陈旧的东西去掉，创造出新的东西。"新颖"是"史无前例"：一是科学技术历史上的原创性成就，是世界上没有的，属于高层次的创新；二是它还意味着一个具有创新性的课题能够创造出一个新的创意和结果。我们把前者叫作"完全的新颖"，而把后者叫作"相对的新颖"。

二、创新的价值及意义

（一）创新的价值

对"创新"有什么看法？怎样才能从经济学的视角来认识"创新"？社会科学的一个重要功能就是使我们能够更好地理解社会的发展和新事物在社会发展中的"机制"。

我们现在要着重讲的是"机制"。从索洛（Solow）到罗默（Romer）和卢卡斯（Lucas）的古典经济增长理论，都指出了"技术进步是经济发展之源"。然而，在随后的分析中，"技术进步"被"创新"替代是更加恰当的。为何"创新"比"技术进步"更重要？"创新"与"技术进步"为何不等同？这些问题都可以归结为这样一个问题："创新"究竟有多大？这才是最有意思的。

科技是否能够推动经济的发展？从人类历史的观点来看，确实可以：在最近几个世纪里，由于能源短缺和人口增长的压力，人类从游牧文明发展到农耕文明，再发展到工业文明，这一切都是在科技的推动下发生的。但是，技术进步的传统观念仅仅包含了农业领域的"绿色革命"，"工业革命"以及其他与之相关的现实发展。从传统的角度来看，科技越发达的国家就越强，历史又给我们上了一课：西罗马帝国被北部蛮族征服，而大宋被蒙古人毁灭，就是最好的辩证。先进的科技并不能确保一个国家的力量和经济的可持续发展，苏联在冷战时期的解体就是最好的例证。

熊彼特相信"创新"并不仅是指技术发明，而是指引进新的生产方法、管理方法。创新还具有周期性。"创新"会带来"剩余利润"，其他公司也会效仿，从而使竞争更加激烈，最后的盈利将会是零。企业要想继续存活，就得"创新"，保持垄断的利益，保持上一轮的经济增长。在"创新"不断的情况下，经济可以不断发展。事实上，"创新"这个概念比"技术进步"这个概念更为广泛，它保证了可持续的经济增长。当然，这是建立在一个有利于"创新"的社会体制的基础上。

总之，我们对"创新"的认识要比对"技术"的了解要大得多。其实，"创新"是每个人都能做到的。

（二）创新的意义

创新是一个民族发展的灵魂，是一个民族的兴旺之源。中国 21 世纪的发展历程对知识创新工程的形成具有重要的影响。知识创新项目的实施，使中国的科学技术发展模式发生了变化。在知识经济的今天，创新是一个民族的生存之本。创新就是要发现新的想法、理论、方法、技术或者产品。创新是永续发展的基础。在知识经济时代，如果没有创新，就会丧失机遇。知识创新与技术创新是决定个人、企业和国家竞争的关键。创新水平是衡量人才质量的一个重要标志。它关系到个人、企业、国家的前途与命运。

1. 创新在人类发展历史中起着不可估量的作用

当今科技日新月异，新发明、新技术、新材料不断涌现。随着技术进步，社会也在飞速发展，而创新也加快了这种发展。科技创新是当今世界最重要的主题，这是毋庸置疑的。创新是国家、社会、时代的要求。

2. 创新为人们发明创造新机械、新产品提供了有效的理论和方法

创新能够使设计师的创造性得到充分的发挥，运用人类已有的技术成果来进行创造性思维，从而设计出新颖性、创造性和实用性强的机械产品。创新能够改善现有的机械或产品的技术性、可靠性、经济性和适用性。技术创新能够让技术人员为适应新的生产和生活需求而设计新的机械和产品。创新研究既有理论意义，也有较高的学术价值。

三、创新意识

（一）创新意识的含义

创新意识是指人们在现实生活中进行创造性的实践活动的一种思想和自觉，主要体现在对创造性活动的关注、渴望和兴趣上。它是人们进行创造性活动的自

觉和内在动力积极和有效的体现，是唤醒、激发和发挥人内在潜能的一种重要的心理动力。这种心理贯穿于人的创造性行为和创造力的全过程。

（二）创新意识的内容

1.强烈的创新动机

创造性激励是创造性思维的动力来源，是激发和维持其创造性活动的内在心理过程，也是培养创造性思维的活力之源。任何一种创造性的行为或意识都离不开对某种创造性的激励。那些有着清晰和强有力的创新动力的人，创新的成功率较高；那些表面上有创造性的人，在他们的创新活动中，很少有机会取得成功。

2.浓厚的创新兴趣

创新兴趣是指人们在创造性活动中的积极情绪和态度。这就是创新的推动力。创新的动力来自对创新的浓厚兴趣。创新的动力未必是为了创新，但是，当它出现的时候，必然会有一个创造性的动力。创新兴趣是人类进行创造性实践的最有力的推动力，是人类进行创造性活动的永恒动力。

3.健康的创新情感

创新的进程既是单纯的知识活动，也是必须激发、促进和完成创造性活动中的创造性情绪。第一，这是一个具有创造性的稳定情绪。现代创新者必须保持持续的创新心态，才能提高创新的敏感度，能够适时地搜集到有用的资讯，并且对与创新有关的事情产生强烈的兴趣。第二，这是一种积极的创造情感。当代创新者积极的创造性情感可以极大地刺激其创新意识，从而使其更好地投入创新活动中。第三，深刻的创新情绪。创新激情是一种持久的、深刻的创造性情感。创新是当代创新者的一种心理驱动，促使其具有较强的创新意识和创造性行为。

4.坚定的创新意志

创新意志是指能够克服一切可能遇到的困难和阻碍、目标清晰、坚持不懈的心理力量。现代的创新者必须清楚地了解自己的目标，才能实现自己的目标。坚持不懈的创新心理，是指在创新的过程中，能够用自己的力量和毅力战胜一切的困难与阻碍，创造出具有创造性的结果。在创新的过程中，成败共存。唯有意志坚定的人，才能克服挫折与失败，使其走向成功。

（三）中职生创新思维的培养路径

1. 中职生自身思维特点分析

中职生年龄阶段为 15 ～ 18 岁，思维活跃，敢于尝试新事物。部分中职生学习的内驱力不足，学习目的较实用化，只对相关领域的职业技能知识感兴趣，忽视基础文化知识和思维的培养，知识结构单一。对于中职生来说，多数还处于心理发展的初期形成阶段，处于模仿同学、教师、家长的阶段，还不能够根据个人的特点找出适合自己的较好的学习方法。

2. 中职生创新思维培养方面的问题

（1）环境因素层面

第一，传统观念影响。

很多人听说过创新，也知道创新的重要性，但他们不能真正理解什么是创新，为什么要创新，怎么样才能创新。部分学校中教师不举办创新活动，不鼓励学生有新奇的想法，片面地否定学生的另类想法甚至批评讽刺，没有对学生的思维进行合理引导甚至禁锢他们的想法，打击他们的积极性，对于社会上的创新活动，中职生又觉得离自己太远、遥不可及，他们了解企业创新、科技创新的渠道有限，因而很难感受到社会创新的氛围。

第二，社会环境影响。

另外从近些年的就业情况来说，就业难、用工难主要体现在毕业生人数增多和企业用人标准的要求提高上，由此催生的实用至上，以技能练习为主，一技当先之风依然盛行，忽略了学生除掌握技能外还需思维上的深度训练。学生对职业技能知识全盘接收，再将其在考试或工作中"如数挤出"，缺乏内部加工和深层理解，更难有创造性思考。因此，在盲目地学习专业技能的同时，忽略了创新思维能力的培养。

（2）教育因素层面

第一，中职生自身因素。

中等职业教育与普通高中教育在教育形式和目的上来说，存在很大的区别。中职生主要是从初中直接招录进来的，在初中时积累的学习方法和学习形式与现在的中职学校的学习方法和学习形式有很大的不同，有些中职生刚进入中职学校学习需要经历一个"适应和调整"期，有些中职生甚至需要较长时间来适应和转变，这也是影响中职生创新教育的一个因素。部分中职生文化素养较低，学习能力较弱，自控能力较差，特别是对于抽象理论知识以及一些边缘性课程的学习动机较弱，在学习习惯上表现为课堂教学参与意愿较低。

第二，教师因素。

部分教师自身创新能力不足，对于双创教育理念的认知不足，对培养中职生创新存有偏见，在具体的课堂教学环节教学模式包括知识与技能教授方法、课堂氛围营造以及课堂教学的整体评价上有待进一步完善。

3. 中职生创新思维培养的优化方法

（1）转变观念，营造创新环境

第一，与专业技能相结合的训练方法。

现在很多企业用工时，注重精炼技能的同时十分看重员工的创新能力，学校在日常训练学生技能的同时应该加入相应创新创意的元素，让学生将自己的创意应用到技能中，更好地发挥专业优势。如烹饪学生刀工雕刻的技能训练，可以发挥学生想象力，雕刻学生喜欢的造型；烹饪热菜技能练习中，可以加入装盘技能设计环节，学生根据菜品设计个性化的画盘装饰，既有效地练习技能又完美地融入学生创意点，一举两得。学生除掌握技能外还需思维上的深度训练。

第二，同中职生特点吻合的分层培养制度。

根据中职学校学生特点有针对性地开展创新创业特色课程，分层培养学生创新创业能力：第一层为创新创业通识课；第二层为创新创业技能课；第三层为创新创业实践课。

首先，为拥有创新创业意愿的学生开设创新创业通识课，主要学习团队组建、创新意识、认知企业、商业模式、市场营销等知识，启发学生创新创业意识，普及创新创业课程。其次，为具备创业经营基础的同学开设创新创业技能课，主要学习企业模拟经营、金融法规、风险投资等课程，锻炼中职生创新思维能力，企业经营战略制定能力。最后，孵化创新创业项目，开展创新创业实践项目探索，鼓励小微企业创业，让学生在实践项目中不断积累经验。在基础设施、教材开发、课程规划、教学评价等方面给予资金支持和制度支持。

（2）丰富形式，创新课堂活动

第一，激励多元。

激励是让中职生保持课堂新鲜度的有效良方，但是一味的分数激励或知识激励会让部分学生降低发言、思考、参与活动的积极性，所以激发中职生的创新意识，多元化的激励必不可少，如在市场营销需求分析课程中，学生可能提出不同的分析方法，教师这时一定要有课堂敏锐感，及时鼓励学生提出不同见解，并邀请他说明原因，既鼓励中职生发散思维又锻炼学生逻辑思维。或者让学生以组为单位以公司命名，得分即是为本组积累原始资金，回答问题、参与活动都可以得到相应的原始资金（虚拟）。

第二，活动新颖。

巧分组——动物性格测试：传统的课堂分组可能按照学号、座位号等随机分组，其实简单的分组活动也可以体现教师对于中职生创新思维的培养。我们在课前五分钟和学生做一个动物性格测试，学生根据测试结果到相应的动物属性小组，分别有老虎组、海豚组、企鹅组、蜜蜂组、八爪鱼组。老虎组的同学性格普遍比较强势，不容侵犯，喜欢占有主导权。海豚组同学活泼开朗，喜欢群居，能言善辩。企鹅组同学大多比较内向，沉默，善于配合别人，属于慢热型性格，一旦认准的事情毅力坚强。蜜蜂组同学细心谨慎，做事严谨认真，分工明确。八爪鱼小组同学性格多元，中庸哲学，是团队中的润滑剂。我们在分组时一个组内要至少包含三种以上性格属性的同学，否则，很可能造成组内分工不明确，合作不良，讨论不彻底，群龙无首，命令执行力差，思维碰撞不激烈等问题，也就起不到创新思维的培养的作用。

促团建——"毛毛虫"：有小组就涉及小组内部分工协作，组内合作是否融洽，分工是否合理其实和团队初期建设不可分割，恰恰很多教师在上课过程中忽略了这一点，草草分完组就开始讲解知识，布置任务，殊不知组内之间都没有充分融合认可，不可能更好地完成接下来的任务。所以，团队建设是教学中必不可少的环节，而选择一些恰当的团建活动可以在短时间内增进组内协作。比如我们常见的团队组名、口号、Logo 等设计的呈现，都是团队建设的方法。"毛毛虫"这个团建活动是比较受中职生欢迎的，我们需要事先准备好相应的道具，规划好场地路线，学生按组站成一列，双手搭到前一位同学肩膀上，第一名同学是虫头，最后一名同学是虫尾，除虫尾之外所有人都需要戴上眼罩，在行进过程中不允许任何人用语言交流，只能通过身体交流，按照引导员的指令，在虫尾的指挥下通过各种障碍，最终到达终点。这就需要组内事先商量好各种动作口令、虫尾有预判性地指挥、虫身准确无误地传达指令、虫头快速地做出决策并加以执行。这个活动看似简单，真实做起来却困难重重，学生总是高估彼此的默契，事先没有明确好各种动作的指令含义，导致团队决策不一致，虫头频频碰到障碍物；虫尾传达指令预估时间不准确，导致方向偏离；虫头缺乏对组员的信任，不敢迈步、行动缓慢等。诸如此类问题都是团队建设的问题表现，通过一个简单的活动，让学生自己体验，自己分享，增强团队意识，远胜于教师的千言万语。

（3）评价到位

在课堂中，对于中职生进行正确的评价，建立综合化的评价体系，对于中职生创新思维的培养十分重要。在创新创业教育中我们采用多元主体评价模式，它按参与主体所属介入角色，划分为教师评价、组内评价、组间评价、学生自评四类，结合发展性评价和总结性评价的评价方式，根据评价主体对学生个体学习过程中各组成部分的熟知程度，有针对性地对创新创业通识课、创新创业技能课、创新创业实践课的整体或部分内容进行客观评价，实现促进性、全面性、全方位的评价理念，以支持中职生身心和谐发展。

四、创新型人才的能力和品质

（一）创新型人才的智商与情商

美国心理学家彼得·萨洛维（Peter Salovey）在1991年提出了"EQ"（Emotional Quotient）这个概念。情商是一个人识别、理解和控制自己情感的能力。美国心理学家丹尼尔·戈尔曼（Daniel Goleman）在其《情商》一书中把"情商"和"情绪智力"（EQ）作为衡量标准。

①对自己有一个正确的认识，并掌握自己的人生。

②能够自我调节情感，也就是对自己情感的掌控。

③自我激励，能使自己从低潮中恢复过来。

④了解别人的情感，才能与别人进行正常的交流，达到流畅的交流。

⑤良好的人际关系管理能力，也就是有一定的领导能力。

高情商的人有很强的社交能力、心胸开阔、讨人喜欢、不容易陷入恐惧或悲伤、专注于事业、热情、富有同情心、情感丰富，但不会超过正常的程度。他们独自一人或者和很多人在一起的时候是幸福的。

人的本性是由人的基因决定的，它是先天的；情绪智力是人的一种重要品质。家庭教育和成长环境对儿童人格的塑造和教育具有重要影响。一个人情商的高低与其所受的教育、成长环境有着很大的关系。中职生人格已经定型了。中职生在学习知识、培养心态、培养创新能力时，要学习遵守自然规律、社会规则和道德约束，在与别人交往的过程中培养良好的品格和品德。只有如此，他们才能克服武断、懒惰、贪婪、嫉妒等方面的问题，并养成高尚的人格。

IQ（Intelligence Quotient）是 1904 年英国理论和实验心理学家查尔斯·爱德华·斯皮尔曼（Charles Edward Spearman）所提出的一个概念，它涉及了智能的性质和认识的原理。IQ 是指人们了解客观事物，运用知识来解决问题的能力。影响智能的因素包括观察能力、记忆力、想象力、创造力、分析判断能力、思考能力、适应性等。在这些因素中，记忆力和想象力最为突出。一般认为，一个人的智商是由遗传基因和营养、环境等多种因素共同决定的。一个人的职业生涯和人生的成功，全看 30% 的机遇，70% 的 IQ 和 EQ。在这 70% 里，IQ 占 20%，EQ 占 50%。

（二）创新型人才的人格品质

①追求科学的进取、奉献心理。

②科学、理性、自由的独立心理。

③热情、宽容的合作心理。

④坚持不懈学习的钻研心理。

第三章　中职生职业核心管理素养

中职教育在我国现行的教育形势下越来越受欢迎，在对中职生进行教学时，最主要的就是培养学生的核心素养，核心素养的高低直接决定着学生在学习中能否超越受普通教育的学生，因此在核心专业管理能力的指导下，对培养目标进行再评价，并制定出适合的教学内容、方法、评估和师资队伍。有助于中职生未来的发展。

第一节　中职生应学会适应职场

每个初入职场的人或许都会有一些关于职场的问题。要知道完美的事物是不存在的，在职场中我们会遇到很多问题，我们要做的不是逃避现实，而是直面问题，主动适应职场。

从校园走向职场，是个人发展过程中一个重要的转折点。能否顺利实现从学生到职场人身份的转变，不仅影响着个人工作状态与生活质量，还影响着企业的发展、社会的运行。有鉴于此，为了更好地促进个人在职场中的发展，我们需要认识职场、学习相应的职场素养以及主动地去适应职场生活。

一、初识职场

许多毕业生在走入职场之后，容易出现不适应工作环境，不清楚如何在职场上正确行事。准确地认识职场能够帮助职场新人树立正确的观念，在竞争日益激烈的环境中更好地承担自己的职责，坚定自己的信念，获得更为广阔的发展空间。

（一）了解自身情况及所学专业

1. 自身情况

在选择自己的职业时，不同专业的学生要根据自身的实际情况来选择。不同的行业对雇员的需求也不尽相同。如销售业需要雇员有创造性的思维，接受新的事物，并且愿意接受新的挑战；顾问行业需要雇员的协助与热心。学生在择业是要根据自身的特点来进行行业的选择。

2. 所学专业

就业时，就业人员要以自己的专业为准。毕竟，在学校所学到的知识和技巧都与其相关，这能增加应聘者在应聘有关职业的工作中的竞争优势。很多中职生对自己的专业不感兴趣，这就容易出现就业时与所学专业不相符的情况。不过，要注意的是，学生即使对自己的专业存在着不满意，但还是要认真学习，不要放弃自己的专业。对于那些没有任何工作经验的应聘者来说，他们所学的专业是一个非常重要的条件，中职生除了要掌握专门的知识，还要积极地发展自己所关心的领域的知识和技巧，为自己的职业生涯做好准备。

（二）了解职业类型与行业

1. 职业类型与行业

在应聘任何工作之前，都应该对职业有一定的认知和了解，这样才能做到事半功倍，避免在工作岗位上出现手忙脚乱或者能力不足无法应对工作的情况。在实际工作中，许多项目都是由多部门同时完成的，因此对职业的正确认识是十分重要的。在这个时候，对于中职的求职者来说，他们需要利用自己的职业资料来获取有关专业领域的资料。在选择工作的部门时，应聘者应从以下两个方面来考虑：一是所在的部门，二是一个什么样的职能。通过将两者相结合，求职者能够有效地识别出特定的职业类别。

行业与职业之间存在明显的差异：行业是指在经济或其他经济社会中，从事相同类型产品的企业或个人的组织架构，而职业则是具体的工作。有的人在不同的行业和机构里做着同样的事情，有的人则在同样的行业或者机构里做着不同的工作。如在教育界，有些人是教师，有些人是招聘者。这对中职生对行业和将来事业的认识有很大的益处。

2. 行业发展状况

中职生在择业时，应先对行业发展进行评估。如果中职生在就业机会普遍较低的情况下，就业机会也会受到不利的影响。中职生可以更多地了解新闻、时事，更多地了解国内的政治动向，了解政府扶持的产业，以及政府对哪些产业进行了限制。

（三）了解用人单位的类型

用人单位是指能够运用人力资源进行组织和支付劳动者报酬的单位。《中华人民共和国劳动法》中用人单位是指企业、个体经济组织、政府机关、事业单位、社会组织等单位。个人企业是指在工商部门注册，取得营业执照，雇用雇员的个人法人；政府机关、事业单位、社会组织是指与雇员签订劳动合同的单位。根据不同的类别，用人单位也会有不同的类别。企业的法律类型包括独资企业、合伙企业、公司三种。

（四）了解职业发展通道

职业发展通道指的是企业为企业内部人员制订的发展与提升管理方案。事业发展通道能让雇员看到提升的方法和机遇，让他们知道如何去做。职业学校毕业生在确定了自己的职业生涯后，就需要选择自己的职业发展方向。职业发展通道可分为两类：一是"双通道"型的职业发展通道，即选择"管理型"或"专业型"；二是"多渠道"型职业梯级，即在"管理"与"专业技能"这两个方面的选择之外，还存在着其他可供选择的发展方向。以下是对这两类职业发展途径的说明。

1."双通道"型职业阶梯模式

在企业组织中，"双通道"型职业阶梯模式存在着两种发展趋势，而这两种趋势对企业组织的作用各不相同。一是管理工作。参加公司管理工作，在技术提升的同时，管理水平也能得到提升。二是专业技术工作，提升企业技术水平，提高员工的工作效率。当前企业实行"双通道"的模式，同时也让员工在各个职位上轮流工作，以培养更多的复合型人才。这一工作轮转系统是将行政与专业技能相结合的。

2."多渠道"型职业梯级模式

"多渠道"型职业梯级模式是指企业或企业拥有三种以上的职业发展通道，以适应不同层次的雇员的升迁需要。"多渠道"型职业梯级模式，一般会把专业技术人才的通道分成多种技术通道，使其在职业生涯发展中具有更大的弹性和广阔的发展空间。

（五）其他有关事项

中职生在了解职场的过程中，除了要注意以上四点外，更要注重在求职过程中的某些具体问题。

1. 工作时间

工作时间是指用人单位在法定工作时间内所确定的工作时间。工作时间、加班量等是就业学生在择业时常常会考虑的问题。一些工作是固定的，如在政府机关、学校一些工作有很大的不同；投行和顾问公司的工作内容就是专门针对工程的，尤其是在雇员被雇用后，需要进行高强度的超时工作。对于那些不能胜任非正式工作的中职生来说，需要慎重地挑选。

2. 工作环境

工作环境是影响个体工作的重要因素，也是影响员工对工作满意程度的重要因素。有关研究发现，员工对工作环境的满意程度与工作态度有显著的关系。工作环境越好，越能激励员工的专业心理，越能提升员工的工作热情。

（六）了解工作地点

此处所指的工作地点并不是远离家乡的公司，而是为其所在的省份和区域提供服务。中职生在择业时应注意两点。

1. 地区企业发展前景

地区企业的发展前景与其所选择的公司类型、产业有关。举例来说，假如应聘者希望到一家外资企业或跨国企业工作，北京市、上海市、广州市、深圳市都是最好的去处，因为这些城市是外资企业和跨国企业的聚集地。如果应聘者想拥有更多的工作机会，他们可以去广州市、江苏省、浙江省还有东部的沿海城市。这些区域的进出口贸易工业都很发达，是国内比较好的。总之，地区企业的选址，很大程度上取决于这个行业的发展水平、所在省份或者城市里的商业类型，以及这个地区的收益最大化。

2. 地区生活水平与习惯

中职生在求职时要考虑当地的气候、饮食习惯、生活节奏和物价水平。根据自身适应能力去选择工作地点，然而随着时间的推移，中职生的适应能力会发生变化。因此中职生应该在工作中不断地进行自我评价，更好地了解自己实际情况。

（七）了解薪资、福利

薪资与福利是中职生普遍关注的问题。很多学生也把薪资和福利当作工作的质量衡量标准。这一做法太过偏颇，而且薪资和福利常常与行业、公司的性质相联系。在通信、材料、航天等领域，人们的薪资和福利都比较高，但在诸如钢铁、食品等领域，薪资和福利则比较一般。类似地，外资公司在各种行业中的收入也更高，但是这与高的劳动强度是一致的；私人企业的薪资水平常常与员工的工作表现和经营利益相联系；国企的薪资虽然不高，但是其社会福利却是相当丰富的。

二、认识职场的意义

对工作环境的全面认识使中职生在找工作时不会手忙脚乱、漫无目的地投简历，而是有充足心理准备。因此，中职生通过更好地认识自己和竞争对手，从而在择业上取得胜利。

（一）建立危机意识

唐代诗人杜荀鹤在诗歌《泾溪》中写道："泾溪石险人兢慎，终岁不闻倾覆人。却是平流无石处，时时闻说有沉沦。"意思是，在危险的岩石和快速的海浪中，行人都很谨慎，因此，从未听说过有谁不小心掉进水里。然而，就是在那些没有石头、水流较慢的地区，人们常常会淹死，这就充分表明了人们的危机感。学生在求职过程中要有一种危机意识，这是十分重要的。学生对职业有着深入的认识，可以在最短的时间内获取到相关的专业知识，从而认识到竞争和现实，从而帮助他们树立危机意识。这一点类似于鲇鱼效应：

挪威人很早就从海底捕获了一些沙丁鱼，这些沙丁鱼在被带到岸边前就会在窒息而死。渔夫们想尽了各种方法把沙丁鱼活着弄到岸上，但都没有成功。但是，有一个渔夫总能把活的鱼拿回来，因此他的鱼的价钱是别人的好几倍。后来，这个秘密被揭开了，那个渔民将一条鲇鱼放到了一个放着沙丁鱼的鱼缸中。鲇鱼是沙丁鱼的克星，当沙丁鱼和鲇鱼都被放到鱼缸中的时候，沙丁鱼见了鲇鱼四处躲避，这样一来缺氧问题得到解决，大多数活蹦乱跳地回到渔港。这个案例告诉我们，在动物的世界里，危机意识扮演了一个很重要的角色。危机意识促使沙丁鱼存活下来，因此增加了其存活的机会。同样，中职毕业生在求职时，也要有一种危机意识，唯有如此，他们才能有足够的决心和激情，积极主动地去争取每个工作岗位，并把工作看得更重。

（二）降低就业成本

了解工作环境能让中职生清楚地规划自己的职业生涯，在事业之初做出正确的选择，尽量少走弯路，降低工作成本。我们都知道，两点之间直线最短，虽然条条大道通罗马，但是我们可以在中职生的生活中，特别是在事业上，尽量少走弯路，发展自己的事业。因此，中职生要从一开始就找准方向，并朝那个方向努力。这对中职生的职业发展起着举足轻重的作用，直接影响到他们今后的事业发展。

三、适应职场的方法

（一）树立职场思维

许多学生毕业后，对工作总感到各种不适应，是因为在学校养成了"被安排"的习惯，在工作中容易机械执行、缺乏个人主动性。摆脱"学生思维"，树立"职场思维"，至少应该关注以下几个方面。

1.学会主动思考，培养超前意识

"学生思维"是一种等待思维，等待教师安排任务，这体现的是依赖心理，依赖教师提供解决方案。在职场中，新员工容易受这种思维的影响，处于等待的状态，缺少主动工作的想法，在工作中常常处于被动的地位，没有主人翁意识，那么对未来的岗位提升、职业素养提升都有着阻碍作用。因此中职生要对自身的职业生涯有着一定的规划，在校学习和实习时应当多注重主动思考，思维创新的培养，才能更好地适应未来工作，并做出成绩，实现自我价值。

2.区分轻重缓急，提升行动效率

职场中的工作在大部分情况下都不是线性的，即一件任务完成再做下一件，而是几件任务同时进行。这个时候就需要你对任务进行初步识别，根据"四象限法"将事情分为四个维度：重要且紧急、重要但不紧急、紧急但不重要、不重要且不紧急。如此面对复杂的情况我们便能将精力与时间放在最重要、最紧迫的事情上，从而达到效率最大化，并在有限的时间内创造出最大的价值。

3.衡量个人能力，懂得适当拒绝

在学校，教师鼓励中职生要大胆尝试，做错了也没关系。但是在职场中，应当尽量减少错误的概率。因为没有任何一个用人单位能够不断地原谅员工不断地犯错，这就需要员工对自己能力有着明确的认知。凡事三思后行，进展过程中的重要环节一定要跟领导确认，以保证任务朝着正确的方向进行，避免出现完成任务之后却不符合要求的情况。

4. 明确个人目标，规划发展路径

职场中自我存续的基础就是不断发展。职场中，个人要对自己想要什么有明确的认知。当然这不一定是短时间内就能确定的，因为没有谁一生下来就知道自己要做什么，人都是在试错中汲取经验，从而逐渐找到目标，明晰人生追求。所以"目标"与"行动"是一种双向关系，既可以是目标指导行动，也可以从行动中找到目标。职场新人需要避免两种极端：只有目标不行动或盲目行动没有目标。目标一旦确立，个人就需要衡量自身与目标之间的差距，思考怎样做才能达成目标，由此规划个人的发展路径。

（二）处理职场关系

职场人际关系，是指在职工作人员之间各类关系的总汇。跟人合得来是不可或缺的职场生存能力。处理职场关系的能力体现了一个人的"职商"，虽然它永远代替不了你的专业素养，但是如果没有，则会让职场人承担不必要的损失。在职场中，处理人际关系时应从遵循以下六条原则。

1. 换位思考

改变单一地从自身角度去思考问题的习惯，多替对方着想，理解别人这么做的原因，人际关系才能处理得好。

2. 平等待人

同事之间无论职位高低都应平等相待，不要分亲疏、厚此薄彼，尽量以平等的态度待人接物，尽力与每个同事建立良好的关系。

3. 欣赏他人

每个人都喜欢被夸奖与赞美，在与同事交往过程中不要吝啬自己的夸奖，多给予别人恰当的反馈，以维持融洽的同事关系。

4. 以诚待人

以诚待人有两层含义：一方面，真诚待人是与人交往的根本；另一方面，诚信待人是做一切事业的前提。在职场中真诚待人，别人才会真诚待你，最终达到双赢的结果。在职场中诚信待人、实事求是，才能得到别人的尊重与认可。

5. 持之以恒

在处理人际关系时，不能急功近利，追求短期效果，真正和谐的人际关系不是一种应付，而是我们自然的情感流露。

6. 留有余地

在与同事交往时要保持距离，不可过于亲密，更不可谈论一些越界的话题。在处理事情时要张弛有度，留有余地，不要咄咄逼人。

（三）遵守职场礼仪

中国自古以来便是礼仪之邦，礼仪是一个国家文明程度的象征。职场礼仪，是指人们在职业场所中应当遵循的一系列礼仪规范。职业院校将职场礼仪作为就业指导工作中的重要内容，旨在培养有道德、文明礼貌的优秀学生与从业者。常见的职场礼仪如下。

1. 求职时的基本礼仪

①外在形象整齐整洁，适合未来工作需要。
②行为举止优雅大方，态度自然亲切。
③应答文明礼貌，语言简洁连贯。

2. 职场着装礼仪

应符合"TOP"原则，即着装与当时的时间（Time）、所处的场合（Occasion）和地点（Place）相协调。

3. 职场仪容礼仪

在职场活动中，恰如其分的妆容能很好地起到为个人加分的作用。化妆时要遵循自然、整体的原则。

4. 职场仪态礼仪

①站姿：头正、颈直、肩平、收腹、挺胸、并腿。
②坐姿：坐姿的种类有很多，如垂直式、标准式、前伸式等。
③行姿：步态自然、步速适中。

5. 职场语言

①使用敬语、谦语、雅语。
②使用一般性的礼貌用语，如问候语、致谢语、致歉语等。
③适当使用肢体语言，如眼神、微笑等。

四、工作与家庭生活的关系

工作与生活不是截然分开的，而往往是相互依存、相互渗透的关系。在中国经济快速转型的背景下，每个人都承受着一定的工作压力与生活压力，如何处理工作与生活之间的冲突、化解二者的矛盾，从而最终实现平衡，是个人为了适应职场生活需要解决的一个重要问题。

（一）树立工作与生活相融合的观念

工作与生活二者是紧密相连的，工作为家庭生活提供物质基础，家庭生活为工作提供坚强的后盾和情感支持。因此，要积极寻找二者之间的共同点和互补点，从而更好地解决可能遇到的矛盾和冲突。

（二）正确处理工作与生活中的负面情绪

避免将工作中的糟糕情绪带到家庭生活中，也不可因生活中的琐事扰乱了正常的工作进程。二者既有融合互补之处，又要区分对待，要用辩证的眼光看待工作与生活的关系。

第二节　中职生应学会管理自我

成功始于自我管理，自我管理是一件很重要但同时又很难做到的事。从事任何职业的人都应该学会自我管理。对于中职生来说，也不例外。

一、自我管理

（一）自我管理的内涵

自我管理是指个体在目标、思想、心理和行为方面的管理。它可以组织自己、控制自己、限制自己、激励自己，最后达到自己的目的。自我管理一般包含六个方面：职业规划、学习管理、时间管理、计划管理、情绪管理、压力管理。

（二）自我管理的意义

自我管理对个人来说，有助于提高个人工作积极性，大大增加个人获得职业成功的可能；有助于个人养成高效的生活习惯，使个人对生活产生更大的热情和信心。

自我管理对企业来说，有利于使企业的资源得到充分利用，从而获取更大收益；还有助于形成良好的企业氛围，每个人都做到有效自我管理，团队、部门、企业的运行就会更加顺畅。

二、自我管理的前提——认识自我

美国心理学家将自我概念分为五个基本维度：身体、道德、心理、家庭、社会。在就业的相关因素下，认识自我是这一部分的核心内容，它着重于个体的感知、体验和对自身的价值观、兴趣、能力等的渴望。

（一）认识自我的概念

《道德经》里讲："知人者智，自知者明。"这告诉我们：一个真正的智者，不但要懂得别人，更要懂得自己。在人类发展的过程中，人类对自身的认知与理解是非常重要的。中职生更应该做到准确的自我认知，这样有助于提升学生的整体素质，明确自身发展方向。

（二）认识自我的特性

人人都有自己的社交环境。个体与环境的关系是不断改变的、无法分离的。这就需要个体不断地发展，以适应不断变化的情况。尽管个体的生成与发展是一种相对的变迁，但其本质特性并未发生变化。

1. 社会依托性

自信是以社交为前提和基础，个体意识的产生、发展、转变和社会环境的影响是密不可分的。个人的自我认识也就是个人的社会化。在社交活动中，我们要不断地适应社会、改变自己、不断地了解自己。

2. 自我能动性

每个人都能意识到自己。客观理性地对自己进行分析，从局部到整体，从感性到理性，尽量做到全方位分析，对个人的能动性有很好的帮助。同时，我们要有选择地、有目的地调整和控制自己的情感和行为，监督、管理、批评自己，以达到更好的目标。

3. 客观性

个体对自己的认识具有客观性。在自我认识中，人们不仅从自身的认知体系中去认识和评判自己，而且也从他人的角度和社会上得到了反馈。首先，一个人自信的产生、发展和改变是通过与别人的对比而产生的。虽然这个过程是由自己的观点来进行的，但却是由客观情况或事实所决定的。其次，别人的观点也是有客观根据的。一般而言，我们能够从别人的视角去了解自己，这样才能获得更加真实的回答。不管怎么说，自我认识有助于个体的成长和发展。自我认识越客观、越真实，个体就越能了解真正的自己，对个人发展也越有帮助。

4. 形象性

形象性是指个体的知觉是以特定的意象为基础的。在自我认知的过程中，存在着一种自觉的意象，这种意象来自个体的自我认知，别人的评估以及在别人进行评估后所产生的评估意象。这三种因子在个体的自我认识中互相影响、转换。

（三）认识自我的方法

自我包括很多的要素，比如态度、情绪、信仰和价值观。尽管认识自我的方式多种多样，但大体可以分成两种：经验法和职业测评法。通过这两种方式，个体可以逐步加深对自身的了解，并将不同的习惯、技能、想法和观点组织起来，从而更好地规划自己的事业。

1. 经验法

经验法是根据以往的人际交往行为的结果，由别人或自己对自己进行主观的分析与评估。

2. 职业测评法

职业测评法是一种特殊的职业评估方法。该方法主要是运用某种心理评价量表，对个体的问题进行分析，从个体的外在行为模式中得到其心理特点，从而获取其内在的心理素质。为使评价的效果最大化，必须选用一种具有权威性的测验手段，使之更好地相互理解。

（四）认识自我的意义

正确的自我认知能够促进个体的能力、专长、兴趣和人格的认知和管理，这对于个体的发展和人格发展起到了积极的作用。通过信心，个体能够找到控制自己情感的有效途径，避免或降低因外界干扰而造成的损失、夸大或过度的反应。所以，通过识别、观察和监控自己的身体和心理状况，你就能够很好地管理和控制自己的情感，并增强自己的自省和自控能力。对自身的含义的了解能让个体在事业计划中更好地发挥自己的作用。

1. 有利于正确面对自身的优缺点

戴尔·卡耐基（Dale Carnegie）在《人性的弱点》和《人性的优点》中写道：

"人是一个神奇的物种，优点与弱点共存，只能看哪一个占优势。"古语也说道："金无足赤，人无完人。"这意味着，每个人都有阴暗的、消极的一面，也有积极的一面。只有正确认识自身的优点和不足，在生活中寻求平衡，才能更好地规划自己的发展方向，并最终实现自己的理想。

2. 有助于打造个人核心竞争力

当今的中职生，要想真正认识自己，就必须改变自己。这就要求个人立足自身特色，构建符合自身需求与社会需求的核心能力。中职生要想获得成功，唯一的办法就是提高自身的实力，找到一条切合实际的发展之路。

3. 有利于促进思想独立

中职生只有在充分了解自己的情况下，才能成为独立、自信的个体。

4. 有利于个人对自身的长远发展

信心并非一朝一夕之功，它需要一段时间。这一过程会因内外环境的不同而发生改变，并要求持续的认同，从而形成真正的、完全的自己。

（五）认识自我的价值观

1. 价值观的概念

价值观的实质是一个非常复杂的问题，我们很难对其下一个准确的定义。但简单来说，价值观是指个体对周围事物是非、善恶和重要性的评价。价值观指导着个体该做什么和不该做什么。

2. 工作价值观的类型

①德国教育家、哲学家斯普兰格（E. Spranger）将其分为六种类型：理论型、经济型、审美型、社会型、权力型和宗教型。

②罗克奇价值观调查表（Rokeach Values Survey）提出了两类价值系统：终极性价值观和工具性价值观。终极性价值观表示存在的理想化终极状态和结果，它是一个人希望通过一生而实现的目标；工具性价值观指的是达到理想化终极状态所采用的行为方式。

③凯茨（Kets）提出了10种与工作有关的价值观：高收入、社会声望、独立性、帮助别人、稳定性、多样性、领导力、在自己感兴趣的领域工作、休闲、尽早进入工作领域。

3. 价值观的形成

20 世纪美国著名教育学家西蒙（Siman）、路易斯·拉斯（Louise Raths）等人通过研究认为，任何信念、态度等价值观必须经过三个阶段、七个步骤才能成为他的价值观：

①选择：自由选择、从多种可能中选择、对结果深思熟虑后进行选择。

②珍视：珍视与爱护自己的选择、确认即以充分的理由再次肯定这种选择。

③行动：依据选择行动、反复地行动。

（六）认识自我的兴趣

1. 兴趣的概念

兴趣是人认识某种事物或从事某种活动时的心理倾向，是推动人认识事物、探索真理的无形动力。

职业兴趣是兴趣在职业方面的表现，是指人们对特定职业或工作产生的心理倾向，体现人们愿意为职业投入的程度。从事与兴趣相符的工作，容易增加个人对工作满意度并增强个人的职业成就感。

2. 寻找兴趣的方法

正式评估、自我反思、进行咨询。

（七）认识自我的能力

1. 能力的概念

能力是人们在完成某项活动中表现出来的综合素质。职业能力是指人们从事某种职业的多种能力的综合，通常由三方面组成，一是入职前的任职资格，二是在职场中的职业素质，三是职业生涯管理能力。职业能力决定着个人能否在该职业中取得成功。

2. 能力的类型

能力根据活动领域的不同可以分为一般能力、特殊能力、再造能力、创造能力、认知能力、元认知能力等。美国著名心理学家霍德华·加德纳（Howard Gardner）提出了多元智能理论，将人的智能分为九个领域：语言——言语智能；逻辑——数理智能；空间智能；肢体——运作智能；音乐智能；社交智能；自我反思智能；自然观察智能；存在智能。

由此可知，智能的内涵是多元的，每个学生都在不同程度上拥有九种基本智能，智能之间的不同组合会表现出个体间的智能差异。由于个体之间的能力差异很大，因此每个人都有必要找到自己的能力优势，并根据优势选择相应的职业。

3. 提升能力的方法

一是发挥优势，二是补齐短板。

三、自我管理的内容

（一）提升个人能力

中职生个人能力的提升是实践发展的前提，同时也是提升学生自身能力的前提。企业在寻找员工的时候，首先考虑的是个人的能力。所以，培养学生的个人能力是每一位中职生都应该重视的。

1. 学习能力

学习能力是指学生的学习方式与技巧。具备一定的学习技能是中职生学好一门学科的必备条件。中职生通过对知识的不断思考与积累，发现了许多行之有效的学习方式。

2. 提升中职生学习能力的方法

①从消极向积极的学习态度转变。

②在具体领域中学习其他优良的学习方式。

③提高学生的学习动力，提高学生的学习兴趣。

（二）人际交往能力

人际交往能力就是在与别人进行交流时，与人之间的关系协调的能力。交际能力的高低对中职生的人际关系网络构成和整体发展有重要的影响。

1. 中职生人际交往困难的原因

研究发现，中职生存在的问题之一是人际关系问题。中职生人际关系障碍产生的原因，既有主观因素的作用，又有客观因素的影响；既有自身原因，又有家庭、学校教育不当的原因。

2. 提升中职生人际交往能力的方法

人际关系是影响个人情绪稳定、心理变化乃至个人前途的重要因素。所以，中职生应该重视人际关系的训练。培养中职生人际关系的途径有以下三个方面：

①了解和学习如何与别人交流；②积极参与学校的各种活动，加强与人的交流；③学会交际，并在必要的时候征求意见。

（三）思维分析能力

1.加强对逻辑思维知识的学习

当今社会对个体逻辑思维的重视程度很高，很多测验中都有逻辑性的测验。虽然很多中职学校都没有开设逻辑学的课程，但是在市面上却有很多关于逻辑学的书。中职生可以根据自己的需求，自行选择书籍。有条件的学生还可以进行逻辑思维方面的培训。

2.学会思考

在日常生活中遇到问题，可以先不向别人请教，也可以先不去看课本，而是先自己思考。如果确实无法思考，无法找到解决办法，那么可以考虑换位思考，采用多种方式去思考。比如别人遇到这类问题会如何去解决，为什么要这样？学习别人的思考和分析方法。中职生在思考时，学会用多角度的思考方式，以深化自己的思维，不要只局限于平面思维。

3.学会批判性思考

批判性思考是建立在一个客观的、理性的基础上的。个体能思考，能提出问题，能向权威提出挑战。在日常的学习、思考中，中职生要坚持运用"消极之否定"的原则，克服思想上的片面性，从而更全面、客观地解决问题。

（四）工作能力

随着每年的毕业生数量不断增长，企业的择优标准也随之提高。所以，每一位中职生都必须具备一定的工作能力。

1.中职生工作能力的表现

中职生的工作能力表现为以下三个方面：
①基础知识强，应用能力弱。
②接受能力强，决策能力弱。
③自信心强，团队意识弱。

2.中职生工作能力不强问题的原因与解决方法

从以下三个方面分析中职生工作能力差的原因，并提出了相应的对策。

（1）缺乏对行业环境的了解

原因：尽管很多中职生都很清楚自己的工作，但是他们并不了解和理解工作中需要的技术和能力。所以，在学习过程中，他们缺少有针对性的技能训练，从而使他们在工作中缺少相应的技术。

解决方案：在中职学校，中职生应根据自己的实际情况，对自己的职业发展进行相应的调整，从社会、行业的角度，对自己的定位需求进行深入的剖析，审视自己与需求的差距，并及时掌握相关的知识和技巧，以弥补自己的不足。

（2）在学习期间没有参与过实践或实习工作

原因：在从中职学校到职场的转变过程中，实习能起到很好的作用。通过实习，可以增强学生的工作能力。但是，很多中职生对实习并不看重，从而错失了一个很好的工作机会。

解决方案：在校期间，中职生要多注意实践或实习的机会，让自己可以多参与实践和实习。

（3）缺乏团队心理与合作意识

原因：很多刚刚进入公司的职场新人都希望能够证明自己或者得到更多的好处。他们通常都是站在最前面，不管是为了什么，他们的自信是显而易见的。要知道，团队里的每一个人都有自己的位置，他们可以充分利用自己的能力，从而实现"局部和大于整体"的作用。缺少团队合作与中职生在学校里的表现有关，比如很少积极地参加集体活动，缺少凝聚力和友谊。

解决方案：在学校时，中职生应该主动增强团队心理，主动参与到班级的集体建设中，并积极参加各种社会实践活动。

（五）组织与协调能力

组织与协调能力是指在工作需求下，对资源进行合理配置，并将其统一起来，从而达到组织的目的。中职生具备较强的组织与协调能力，能适应今后的工作。中职生在学习期间，是培养组织与协调能力的最好时期，因为只有在此期间，中职生才会有充足的时间来参加各种活动。

四、自我管理的方法

（一）时间管理

1.遵循人的生理规律

心理学研究表明，人的精力有首位效应和近位效应，也就是说人们倾向于记住开始和末尾的事情。所以高效的时间管理者应该把最重要的任务放置于学习或者工作的首尾。

2. 高效利用整体时间

当前生活中干扰因素的增多，导致人专心做事的整块时间越来越少，因此人们对这部分时间一定要格外珍惜，提前规划好如何使用，对任务进行优先排序，保证用整体时间完成最重要的工作。

3. 合理利用零散时间

现代社会，人们的时间越来越碎片化，但是这许许多多零散的时间积少成多，其价值也不可小觑。所以人们应"见缝插针"，学会分解任务，化整为零，珍惜每一寸光阴。

4. 关注他人时间

在日常交往中人们越来越注重合作的重要性，但每个人都有自己的工作与计划，很难就时间问题达成一致。因此，在规划自己时间的同时，也应该考虑到对方的行程，寻求时间的最优解。

（二）计划管理

在做事之前要求明确目标和安排，从而使工作和生活能有条不紊地进行。

（三）情绪管理

1. 自我暗示

自我暗示分消极自我暗示与积极自我暗示。心理学的实验表明，当一个人默念"气死我了"等语句时，心跳会加速，出现发怒的反应。反之，如果默念"真让人开心"之类的语句，那么便会产生愉悦的心情。在情绪管理中，我们要多利用积极自我暗示解决情绪问题。

2. 转移注意力

这是一种把注意力从此刻不愉快的事情转移到其他事物上去的自我调节方法。如听愉快的音乐、外出跑步、看喜剧电影等。

3. 适度宣泄

适度的宣泄对缓解个人情绪是有好处的，但要注意应采取适当的方式，以免造成不良后果。如在空旷无人的地方大吼、向值得信赖的人倾诉等。

（四）压力管理

1. 冥想放松法

找一处安静的环境，选择一个舒适的姿势，调节呼吸，将注意力全部集中在自己的身心上，忘掉外界的一切烦恼与不快乐。

2. 重新规划

许多时候压力的形成是由于时间紧任务重，这时候需要人们停下脚步，跳出当前繁乱的状态，将事情捋一捋，重新规划行动方案，然后采取高效的方式完成工作。

3. 与人交往

当压力过大时，不建议长时间一个人独处，可以主动找亲朋好友交流、谈心。一方面，具有缓和压力的作用；另一方面，有助于交流思想，找到困难的破解之道。

第三节　中职生应制订职业生涯规划

"凡事预则立，不预则废"，这就是说，要想取得成功，就得有一个规划。人生一世，"怎样才能活得更好"，是我们要经常考虑的问题。所以，大家都要认识到自己的职业生涯规划的重要性，学会如何制订自己的人生计划，从而获得更美好的人生。

在职业生涯、职业转变、职业理想的实现中，个体需要在职业生涯中进行特定的职业生涯塑造，以达到对职业生涯的合理规划。事业与人生息息相关，从某种程度上说事业规划就是规划、管理和操作人生。

一、职业生涯及职业生涯规划的概念

（一）职业生涯

生涯："生"即人生；"涯"即境界。职业是人生历程、人生经历、事业发展的总称。人生由童年、青年、成年、中年和老年这几个阶段组成。当人长大成人后，他们的职业生涯和人生都会达到巅峰。同时，这个时期也是一个人寻求和实现自我的一个重要阶段，他们的职业生涯也越来越宽广，越来越丰富。

在一个人的社会中，职业是最主要的生存与发展方式。它是一个人的生命和发展的关键因素。人生中的许多事业历程都是由许多方面决定的，其中包括社会环境的影响、个人的技能与价值观念的结合以及抓住机遇的能力。总之，工作围绕着学习、生活、就业和发展。作为一名中职生，要清楚地了解自己的事业。

"职业"这个词并非一成不变，其含义也在不断地改变。1970 年代，"职业"一词涉及与工作有关的所有个人生活。今天，"职业"这个概念涵盖了个人、集体和经济生活的各个方面。研究表明，事业是一种动态发展的过程，它包含了与工作岗位和人生活动有关的全部人生经验。不管职位和工作成绩如何，个人的事业都是独一无二的。

（二）职业生涯规划的概念

职业生涯规划是指针对个人职业选择的主观和客观因素进行分析和测定，确定个人的奋斗目标并努力实现这一目标的计划。换句话说，职业生涯规划要求根据自身的兴趣、特点，将自己定位在一个最能发挥自己长处的位置，选择最适合自己能力的事业。职业定位是决定职业生涯成败的最关键的一步，同时也是职业生涯规划的起点。职业生涯规划是指一个人对其一生中所承担职务相继历程的预期和计划，包括一个人的学习、对一项职业或组织的生产性贡献和最终退休。

二、职业生涯规划的特点与需要考虑的方面

（一）职业生涯规划的特点

职业生涯规划应该包含一些特定的内容或方法，比如设立特定的专业目标，以及制订一些计划来达到这些目标。要从目标的合理性、定向的精确度，以及与之相关的问题等方面加以明确。所以，一个好的事业计划应当具备下列特点。

①可行性：指按照现实的条件（个人的能力、兴趣和性格）来设计方案，不要与现实的条件相分离。

②及时性：指制定的各项指标符合实际情况，并制定了相应的措施和时间安排。

③适应性：即在工作环境中应充分考虑各种因素的变动，并且要有弹性地进行计划。

（二）职业生涯规划需要考虑的方面

中职生的生涯规划主要是根据自身的认识、专业知识与知识结构，以及与之

相适应的社会、市场情况，为自己的事业发展做出有针对性的职业计划。一个人在他所擅长的领域里从事他所喜爱的工作，是一项重要的必要条件。如果该行业有良好的发展空间，而且能够找到正确的方向，并一直保持这样的状态，那就是发展的根基。所以，在制订一个特定的事业计划时，可以从八个方面来考虑，即实际性方面、适应性方面、清晰性方面、一致性方面、变动性方面、合作性方面、整体性方面、可评估方面。

三、职业生涯规划的作用和意义

事业会在我们的一生中占据很大一部分，因此，计划和管理人生的重要性是毋庸置疑的。为实现高品质的职业生涯规划，必须清楚自己的角色与重要性，才能更好地掌握自己的职业发展方向，发掘自己的人生价值。职业生涯规划在个体成长与发展中所扮演的角色与重要意义可以归纳为以下八类。

（一）有利于自我定位

认识自己是一个事业计划的先决条件。只有对自己有足够的认识和了解，才能在未来的事业中找到适合自己的发展道路，而不是一味地跟风。要在事业计划中认识自己，就必须对自己进行深刻的剖析，认识自己的能力、长处和短处，然后从人生的经历中找出今后的工作方向，从而彻底地解决自己的"我要干什么"和"我能干些什么"的问题。然后，我们从对就业需求、就业渠道、工作内容、工作前景、行业工资和福利等方面的认识，对自己的工作和生活方向做出合理的判断，对自己的能力、资金进行合理的分析，制订长远的计划。这就是"知己知彼，百战百胜"的理论依据。

（二）有助于个人确定职业发展的目标

事业的成功在于尽早地发现、坚持并为自己的事业奋斗。英国哲学家伯特兰·阿瑟·威廉·罗素（Bertrand Arthur William Russell）曾说过，"选择一份事业是一项重大的事业，它能影响一个人的前途"。在职业生涯规划方面，中职教育与训练要从认识自身，分析自身的长处、短处出发，再根据社会发展、环境的特点，制定切实可行的、切合实际的目标。没有职业生涯规划的人，就不能确定自己的理想，不能领导自己的事业，不能引导自己的事业，就会把宝贵的时间浪费掉，最终造成事业的延迟，乃至一生的失败。在清晰的职业生涯规划的指引下，中职生能够在自己的职业生涯中，充分地利用自己的能力，为自己的事业和生活带来更多的机会。

（三）激励个人努力工作

制订自己的事业计划，不仅要求对自己的前途有一个清楚的认识，而且要对自己有充分的了解。人人都有自己的梦想。要实现自己的事业和生活的理想，就必须根据自己的实际情况，制订出一套切实可行的方案，克服困难，早日达到目的。职业目标基本上是对个体有很大的吸引力。中职生要想在事业上取得成功，只能靠自己。在这一点上，中职生应该懂得怎样利用好自己的学习和工作时间，不断地进步，达到自己的目的。

（四）有助于挖掘个人的潜能

每个人都有自己的潜力。通过职业生涯规划，一个人对自己的前途和实现自己的理想是深深扎根于内心的。一个人在艰苦的工作中，如果他能战胜困难和障碍，坚定信心，坚持不懈地奋斗，那么他就可以激发自己的潜能，达到理想的效果。当人们把注意力集中在自己所激励的事情上，他们的潜能和兴趣将会被进一步挖掘和使用，而且还能提高他们的事业。

（五）有助于个人抓住生活重点

正确的事业计划要求中职生在日常生活、学习、工作中安排好自己的时间，集中精力去完成自己的工作，把自己的生活重心转向那些能够帮助自己达到发展事业的目标。有了一个合理的学习次序，我们的人生才会充实；清晰的思维会让事业目标变得更为明确。职业生涯规划能使中职生清楚自己的人生与学习重心，做出有针对性的科学安排，从而提升自己的学业成就。

（六）有利于实现人与职业的和谐发展

职业生涯规划旨在促进个人健康、可持续、协调、全面发展，把个人发展和职业发展相结合，把职业发展作为工作的内容和手段，以人与人之间的和谐关系来实现个人的生命价值，促进个人事业的发展，从而达到个人和事业的共赢。人生目标多种多样，如职业目标、社会地位目标、人际关系环境目标等。在一个由各种目标构成的体系中，各个目标之间存在着相互作用。在整个目标系统中，职业发展目标是最为关键的一环。成功与挫折、快乐与遗憾，以及人生的广度与品质都与它有直接的关系。人与工作的协调发展，也是一个职业生涯的成功保障。

（七）有助于评估自身的收获和成绩

要评价中职生的学业和工作绩效，就必须有一个比较清晰的参照。对未来的职业计划进行分析，可以让人们对目前的学习状况和工作状况进行评价和对比。通过对学生目前的学习与工作成绩的评价，总结得失，做出有针对性的改正。只要工作和学习成果符合期望，就是最好的肯定。在完成工作和学习任务时，你会更清楚地了解自己的目标，提高自己的自信心。如果目前的工作和学业成绩与目标不符，那么就需要找到原因，并适应新的工作环境。没有良好的专业计划，将无法衡量进度，因而很难确定进步和缺陷。

（八）有利于寻找实现理想的通道明确的发展目标

职业生涯规划不但表明了个人的发展方向，也激励着每个人去探索适合自己的发展方案。在职业目标周围不断地学习和提高，即便目标与现实不符，也能引导人们朝既定的方向努力，从而达到自己的理想。有了达成目标的愿望，就会有更多的动机去做，因为有更多的动机，才能更有动力，更持久，更有可能获得成功。所以，职业生涯规划会设置里程碑，为生命之旅做好准备。一旦设定了人生的目的，围绕在目标中心的人们就会更加有动力地奋斗。

四、职业生涯规划的评估

实践是检验真理的唯一标准。职业生涯规划的评价也必须透过自己的亲身体验加以落实。职业计划的执行将会随着社会环境、工业环境或个体因素的不同而有所改变。有很多我们不能事先预见和设想的改变。所以，中职生要不断调整和制订事业计划。

（一）职业生涯规划评估的内容

职业生涯规划评估一般围绕以下三点进行。

1.对职业生涯规划目标的评估

在对职业生涯规划的评估中，中职生应该考虑到职业生涯目标的变化。如果没有找到合适的工作岗位，没有得到预期的工作，甚至在实习期间没有得到合适的工作时，中职生应思考如何改变或重新制订自己的事业计划，以便与自身的成长与发展相适应。

2.对职业生涯规划前景的评估

职业生涯规划前景评估是指中职生在进行生涯发展时，要认真思考自己的需求，当社会环境改变时，职业生涯规划不清楚，或在实际工作中发现更适合自己的事业发展与选择时，应考虑是否要调整自己的工作。

3. 对其他因素的评估

评估其他因素，就意味着，中职教育和训练需要对家庭状况、身体健康、事故和紧急状况进行评估。

（二）职业生涯规划评估的方法

要进行客观、合理的职业生涯规划评估，必须采用科学、恰当的评估方法。自我评估、他人评估、过程与结果评估、内部与外部评估的首要目标是评估规划是否符合实际情况及专业目标，并发现其中的差异，从而提升评估的客观精确度。在管理学中，有一个有名的"木桶理论"，也叫"弱点效应"，是指水桶的容积，并非取决于最长的木板，而是最短的木板，这激发了中职生在评价他们的事业计划时，找出他们最脆弱的部分，找出差距，以便更好地进行调整。对比反思法、交流反馈法、分析总结法是目前最常用的职业规划评价方法。下面，我们将对这三种方法进行说明。

1. 对比反思法

对比反思法意味着中职生可以认真地考虑和借鉴别人的职业计划。人人都有自己的事业计划，学习分析别人的事业计划，学到有用的办法；再考虑一下你自己的事业计划，看看别人有没有什么问题。这将有助于中职生对事业规划进行评价和修改。

2. 交流反馈法

交流反馈法又叫 360 度反馈法。在此评价方法中，评审员包括与被评审人员关系紧密的所有人，也就是被评审人员的上级、同事、下属、客户和他自己。被评审人员会根据自己的职业生涯评价来修改自己的事业规划。作为一名中职生，评审员应该包括学校、教师、同学、朋友和自己，最主要的是要做好对同学、朋友的评价和对自己的评价。

3. 分析总结法

分析总结法是将中职生的职业生涯规划进行归类与系统化的方法，使其能够更好地理解和思考自己的职业生涯规划。只有对这些问题进行分析，才能更好地解决问题，从而提升自己的职业生涯规划。

（三）职业生涯规划评估的作用

事业的发展并非一帆风顺，而规划并非无所不能。在实际操作中，一定会出现一些问题，或者是不相配。职业生涯评估与实习的互补性，实习过程中遇到的问题能使他们对自己的职业生涯进行更好的评价和修正。

1. 能够让中职生更加全面地认识自我

评价是一种不断深化的自我认知过程，让中职生在动态发展的过程中正确、全面地相互了解。随着中职教育的心理日趋成熟，经历的丰富，兴趣、价值观念的改变，使得原来的自我认知已被淘汰。职业生涯规划评估能使中职生对自己有一个更好地认识。同时，中职生也能更清晰地认识到自身的长处与短处，进而拓展自身的知识面，从而发挥自身潜能。所以，中职生应该在各个阶段对自己的事业进行自我评价，明确其发展的方向和目的，并指出要加强的知识、技能和能力，才能发挥其潜能，推动其不断发展，提高其事业上的成就。

2. 能够抓住职业生涯发展中的重点

因为职业生涯规划评价是一种全面的评价，既要对自己进行评价，也要对自己的职业发展全过程进行全面的分析，从而有助于中职生对自己的职业发展过程进行科学、客观的分析，从而在不同的发展阶段实现自己的目标。激励中职生的工作潜能和积极性，让他们在最好的情况下，顺利地发展自己的事业，取得更好的成绩。

3. 能够调整职业发展的方向与目标

在实习中进行职业生涯规划的评价，能让中职生更加深刻地认识自己。在做职业生涯规划的时候，中职生应该对自己有一个全面的认识。但是，所有的事情都在变化。中职生要通过自我评价，不断地了解社会的动态与变化，以提升自己的认知，并适时地调整自己的职业方向与目标。这样中职生就能制订出最适合自己的事业规划，为将来的事业发展打下坚实的基础。

4. 有助于落实职业生涯发展过程中的具体措施

中职生在制订了自己的职业生涯发展方案之后，应通过具体的步骤来完成自己的职业生涯规划。评价职业发展中的各项措施，有助于监测、记忆、适应和改变自身，并有助于改善其途径，从而达到职业目标。

（四）评估结果与规划目标存在偏差的原因

中职毕业生在进行职业生涯规划评价时，常常会发现评价与计划目标的差异，其主要原因有以下三个。

第一，这个目标不合理。有些专业的中职生设定的目标太高或太低。当你的目标过高而不能超过的时候，你的努力是徒劳的，还会伤害你的自信；如果你的目标设置得过低，那么你不会做很多事情。

第二，目标的执行方案是不合理的。不合理的执行方案常常会造成不能达到目的，甚至会造成逆境。如一名中职生的目标是高级的工程师，但是在这个目标的执行方案中并没有涉及这个问题，那么他的目标将很难完成。

第三，实施目标的执行力不够。假如目标和执行方案是恰当的，那么评价结果与目标的差异也是因为它本身的执行不到位。

（五）职业生涯规划的修正

在对所有的工作计划进行了评价之后，也许需要修改这些计划。修订后的职业规划主要包括修订职业目标、修订职业实施战略、修订阶段目标。但是，这并不代表职业学校的应聘者在每次评价之后，都要调整自己的工作目标和工作方向。评价和修改职业规划的目的是让中职院校的毕业生能够更好地完成自己的事业，而非为了做出变化而进行持续的评价。中职生在评价和修改自己的职业计划时，不能本末倒置。

1. 职业生涯规划修正的目的

对职业生涯规划进行修正，通常是为了达到以下四个目的：①清楚自己的优势；②了解自己的不足；③找出重点需要改进的地方；④做出具体改进计划。

2. 职业生涯规划修正的考虑因素

在修订职业生涯规划时，中职学生必须考虑到某些因素。其中，基本因素是外部环境因素和自身实际条件。基于这两个因素，可以根据个人需要考虑其他因素。

五、职业生涯规划的指导理论

（一）帕森斯特质因素论

特征因子是一种典型的职业选择与生涯辅导理论。1909 年，美国波士顿大学的教授弗兰克·帕森斯（Frank Parsons）在《选择一个职业》中指出，个人和事业都具有稳定性，要在这两种情况下做出恰当的折中。

（二）霍兰德职业兴趣理论

20 世纪 60 年代，美国知名的职业指导专家约翰·霍兰德（John Holland）

根据帕森斯的特质因素理论，提出了"事业"与"兴趣"的关系。职业兴趣理论在60多年的实践中得到了广泛的应用。霍兰德在人格特质理论中对自己的认识进行了深刻的剖析，指出人格类型、兴趣、职业关系密切，职业兴趣与人格关系密切，利益可以促进人的行为。任何具有吸引力的工作都会激发人们的工作热情，从而促进人们积极和快乐地就业。

霍兰德把人格和兴趣相结合，把每个人的性格分为现实的、好奇的、艺术的、社交的、创业的和传统的。他把人的外在和工作环境划分为六大类，分别是现实、研究、艺术、社会、创业、传统。拥有不同性格的人，都有自己最能胜任的职业生涯，以达到职业满意度、职业稳定性和职业绩效的最佳状态。职业生涯规划的主要目的在于寻找与职业环境本质相适应和协调的个体特征。

（三）舒伯职业生涯发展论

从1950年代起，唐纳德·E.舒伯（Donald E. Super）就开始用一种全新的思路来看待自己的事业：通过不断的学习，他最终形成了一套"彩虹理论""围绕职业"，并对自己的职业生涯进行了一个较好的概括。舒伯认为，事业发展与生命成长息息相关：除专业角色外，个体也扮演着儿童、学生、休闲人士、公民、户主、配偶、伴侣、退休金领取者、父母、祖父母的角色。他把自己的事业发展划分为成长、探索、建立、维持、衰退五大阶段。

1. 成长阶段

成长阶段为0～14岁。在这一时期，儿童会逐步建立起"自我"，并试图通过各种方式来表达他们的需要。在不断地探索真实的世界中，他们的角色也在发生着变化。此阶段的发展使命是塑造自己的形象，树立正确的工作态度，了解工作的重要性。

2. 探索阶段

探索阶段处于15～24岁，青少年在学习和社交活动中，逐步认识到自己的能力和社会作用，制订他们的职业计划。在此阶段，发展的任务是逐渐确定和执行职业偏好。

3. 建立阶段

建立阶段处于25～44岁，在重新审视和重新测试之前的阶段之后，不适合的人会试图去改变或者进行其他的探索。所以，在这一阶段，人们可以确定他们的目标和位置，并且在他们的职业生涯中逐渐确定他们的位置。40 到 44 岁，人们开始考虑怎样才能维持并保证"座位"。

4. 维持阶段

维持阶段处于 45～65 岁，虽然面临着新生力量的挑战，但是每个人都想要保持他们的工作。当前发展的任务是维持当前的成绩和现状。

5. 衰退阶段

衰退阶段指 65 岁以上，因为身体和心理机能的不断恶化，他们不得不正视事实，并逐渐地退却。在这一时期，人们更多地注重于新角色的开放与发展，寻求新的生存模式，以满足并取代他们原来的生理与心理需要。

（四）克朗伯兹的职业决策社会学习论

阿尔伯特·班杜拉（Albert Bandura）首先提出了社会学习理论，它着重于个体的学习体验如何影响人格的形成和行为。克朗伯兹（Krumboltz）把这个理论运用到了个人生涯发展与计划的研究中，并对其影响因素进行了归纳。

①基因和特长：指身体、音乐、美术等方面的天赋。

②环境状况与特别事件：指科技进步、社会环境变迁、家庭环境变迁及其他原因。

③学习体验：个人在学习、认知和观察中所得到的体验。

④工作导向能力：即工作目标、工作价值观、情感反应和表现。

克朗伯兹从社会学习的角度出发，提出了一套完整的生涯决策模式，并将其划分为七大阶段。

①确定问题：认识自己，清楚自己的需要，分析自己的长处和短处，然后根据这些，制定一个清晰的目标和完成任务的时间表。

②制订一个行动方案：以清楚自己的需要为依据，并制订一个行动方案。

③识别可供选择的方案：搜集资料、列出不同的行动方案来达到这些目的。

④清晰的价值观：将每个人的选择准则归类，并以你的实际需要为依据。

⑤评价各种可能的选项：按照你自己的选择准则和评价准则，对各种可能的选项进行评价，并得出可能的结论。

⑥删除系统：将不适当的选项剔除，然后选取最适合的选项。

⑦行动：启动所选择的行动方案，并自己进行运作和管理。

克朗伯兹研究社会性学习的同时，也发现了人们在进行职业选择的过程中所遇到的各种问题和困难。

①人们可能不会辨认已有的可解决的问题。

②人们不会想着去做决定，去解决问题。

③因为错误，人们可能会消除一个潜在的满意的选择对象。

④因为错误，人们可能会选择较差的选择对象。

⑤人在没有达到目的的时候，会有焦虑和痛苦。

我们在做出职业决策的时候，要注意以上所提到的困难，尤其是要克服这些困难，并通过自己的努力来寻找最适合的办法和方法。在对个体特点与外在环境的研究基础上，运用社会学习理论，对潜在的职业生涯问题进行了细致的剖析，从而为我们的职业生涯规划提供了一个新的思路。

六、拟订职业生涯规划书

中职学校毕业生在确定了自己的职业发展方向之后，就可以着手制订自己的事业计划。生涯规划是一份关于个人对事业计划的思考与总结的报告。文字的表现方式有助于中职生调整整体的思路，把握整个职业发展的趋势，并随时参考、评估和修改。

（一）职业生涯规划书的内容

一份完整的职业生涯规划书，通常包括以下七个部分。

1. 职业生涯规划书的标题或封面

在写作的时候，你必须先写一个标题，以便让人们了解你的文章是什么。如果你要为你的事业计划设计一个封面，应该包括你的名字、计划期以及开头和结尾。职业生涯的计划期限通常没有固定的时间，可以按照个人的实际情况，分为一年，三年，五年，十年。不管职业计划的期限有多长，从职业生涯的规划开始到结束，都是职业生涯规划的核心内容。

2. 个人简历

个人履历以教育、培训、实习或专业经历为主。通过对这些经验的记录，可以使中职生对以往所学的知识、技巧有一个全面的认识，同时也能清晰地认识到自己的成长历程。

3. 个人因素分析

个人因素分析主要是对个体因素的特点进行简单的列举和分析。在此，我们要运用自我认知的分析结果，对个人的生理、兴趣、人格、能力和价值观进行列表和分析。在此，我们将重点分析兴趣、人格和能力。

4. 外部环境分析

外部环境分析是对外部环境要素的简单列举与分析。中职生可以根据以上所述的具体外在环境因素，分析其专业发展面临的机会与挑战，并对其未来发展的阻碍进行分析。

5. 职业生涯目标

职业生涯目标是指职业目标的确定、总体的职业目标以及逐步实现的目标。所选的专业方向：职业生涯总目标是职业生涯的终极目标；阶段目标是把时间分成一定的时段，然后再为最后的目的制定具体的小目标。总体而言，目标可以分为短期、中期和长期三个阶段。在这个课程中，中职生要集中精力在短期的目标上，并制定一些特定的短期项目。如你需要多久才能学会一些特定的知识和技巧，还有你怎样在工作中提升你的工作技巧。但是，没有必要对中期和长期的目标进行太多的详细说明。

6. 实现目标的方案

达成目标的计划，主要是透过事前的分析，发现自己与工作的真实需要，并制订具体的计划及步骤，以缩小各阶段的差距。

7. 评估结果的标准

评估结果的标准是确立一种科学、客观的评价指标，评价指标是评价工作的成败。在事业发展的道路上，如果你很难达到目标，就需要制订一个计划来改变和调整你的工作。

（二）职业生涯规划书的分类

文书的呈现方式多种多样，对于职业生涯规划书来说，可以分为文本型、表格型和档案型三种，下面将分别介绍。

1. 文本型

以文字为基础的职业生涯规划书具有随意性，并无固定的模板与格式，亦无严格的空间限制。你可以根据以上所列的要求来写作，比如个人兴趣、奖项等，为了拓展自己的空间，可以发挥创意。

2. 表格型

表格型的职业生涯规划书有其固定的格式，分为表头和表格内容两部分，但是表格内容并不固定，学生可以根据自身的需要进行调整删减。

3. 档案型

档案型生涯规划书包含多份分析资料，完整而详尽地记录着生涯发展的全过程，其中包含着对学习的分析与思考，如对学习兴趣的研究、技能的分析与评价；中职毕业生就业决策的基本原理与方法，并对其进行了详细的了解。所以，档案型生涯规划书能够反映出一个人的职业发展历程，并且是重要的历史资料。

第四章　中职生心理素养培育策略研究

中职院校担负着为社会培育高素质、实用性人才的重任，然而目前中职生的成长与发展状况不容乐观，在学习、生活以及心理等层面都存在着诸多问题亟待解决。可以说这些消极的心理品质对中职教育人才培养工作的顺利开展产生了极为不利的影响。现如今，随着中职教育在教育领域中所占据的比重越来越大，社会对于中职生的健康发展也投入了更多的关注。有部分学者从积极心理学视角出发，探究如何帮助中职生养成良好的心理品质，培养中职生积极健康的态度，进而推动中职生实现全面的成长与发展。

第一节　中职生心理健康的理论基础

中职生人格较稳定，心理品质较好。首先，他们的自信心前所未有地提高，完全意识到自己是一个独立的人，并且十分重视人格特征的优缺点。其次，价值观是第一位的，他们对哲学的探讨产生了浓厚的兴趣，并且开始思考人生的意义。从行为上来说，想要自己处理与自己相关的问题，并且有强烈的行为自由的愿望；情绪方面，他们有自己的偏好，也有自己的独立经验，道德评估有其自身的评判准则，而非与权力的关系。中职学校应根据中职生的身心发展特征，了解中职生的心理需要，采取有针对性的措施，对中职生进行心理健康管理。

一、积极心理学理论

（一）积极心理学理论的基本观点和主要内容

1. 积极心理学的基本观点

积极心理学（Positive psychology）由美国心理协会前主席马丁·塞利格曼（Martin E. P. Seligman）创立。《积极心理学导论》是他在 2000 年发表的一本书，被广泛接受。他说，过去我们把注意力集中在心理疾病和人性的缺陷上，把注意力集中在治疗心理疾病上，而忽略了心理上的正面。实际上，两者都要兼顾。我们应当对战胜最糟糕的境遇和创造最好的人生充满兴趣，而不仅是要降低痛苦，更要让人生更快乐。也就是说，积极心理学是通过运用已有的比较成熟的心理学方法来发掘人们的潜能，满足人们的需求，改善他们的心理品质，从而使他们的人生更加快乐。积极心理学着眼于普通人，注重个体的兴趣和潜能，注重个体的主动、高效地介入，以实现个人、家庭、社会的协调发展。所以，积极心理学能够更好地满足一般人。

2.积极心理学的研究内容

积极心理学研究的是主观的、个人的和团体的。主观层面是对积极的主观经验的考察：过去的满足、对现在的快乐、对未来的希望、对这些主观经验的生理学机理，以及如何达到这些客观经验。在个体方面，我们考察了正面的人格特质：热爱与工作、人际关系、对美的感知、毅力、忍耐力、创造力、天赋等。我们的重点是这些素质的生成和效果。在群体层面上，我们探讨了家庭、社区、学校、媒体等不同的社会组织，以及他们是怎样让个人负责任、有礼貌、利他的。

3.积极心理学的心理健康思想

在心理卫生的防治上，积极心理学主张，个体的各项优良素质进行系统性的设计，是防治心理健康的最好方法。作为一名心理学者，应当对这些素质进行准确、有效的测量，弄清其形成的过程和方法，并适时地采取恰当的措施，使其更加完善。这一积极的防病理念，与中国传统的"未病先治"理念是一致的。

在心理疗法中，积极心理学主张运用积极的方式，以积极的注意力、和谐的关系、语言技巧、自信技巧等方式，并运用深层的技巧（如倾注希望、塑造力量和叙述），以提高访问者的心理能力。相对于过去的心理疗法，积极心理学更注重培养新的优秀人格，而非对原来的认识、行为习惯进行调整。

（二）积极心理学理论与中职生心理健康管理的关系

首先，积极心理学主张重视人的正、负两个方面，这与心理卫生管理的目的是相符合的。中职生的心理卫生管理，既包括有心理问题的中职生，也有包括没有心理问题的中职生。我们既要重视中职生在学业、生活方面的心理问题，又要注意其健康发展所需要的心理品质，并了解其所具备的优势与潜能。

其次，心理健康的积极心理预防思想与中职院校的心理健康管理实践是相符合的。学生心理健康管理既要重视矫正心理问题，又要善于发现其潜能，培养其积极的心理品质，提高其对心理疾病的抗性。

积极心理学所提出的正向思维与中职生的心理特征一致。目前，中职毕业生面临的最大问题是缺乏社会、家庭和教师的正面关怀。由于没有得到欣赏，他们感到自卑、沮丧和疏离。积极心理学所重视的积极注意、和谐关系、信任与自信的重建，可以帮助学生恢复自信，修复心理机能。

二、人本管理理论

（一）人本管理理论的基本观点和主要内容

人本管理的基本观点：人是经营的主体，同时也是经营的对象；重视员工的心理需要与价值取向；把人视为平等、独立和自由发展的；为个体创造环境，发挥其潜能，促进个体与机构的发展。

人本管理在中国有着悠久的历史。孟子认为"民为重，国为次"；管仲强调，"以人为本，国家的原则是牢固的"。这两种观点都突出了人对于民族、对于集体的重要意义。现代本位管理思想是西方各国对其进行了大量的研究和总结。人本管理强调以人为本，以人为中心，实现人与集体的和谐发展。随着人们对人类行为有了更大的了解，管理、组织行为和管理心理学的"自我更新"假定也在不断发展。基于这一点，人本管理思想发生了巨大的飞跃：以前只关注人、鼓励人、培养人的积极性，而今天，我们注重挖掘人的潜能，提高人的内在能力，为集体的生存与发展服务。

（二）人本管理与积极心理学理论的关系

人本管理是基于人性的心理学和行为科学的一种思想。人本主义心理学是在20 世纪 60 年代产生的，他反对传统心理学中关于"人的真正存在"的错误认识。人性具有正面的一面，比如乐观、善良、自我实现、自我发展的内在动力。人本主义心理学认为，人类的首要任务就是创造一个有利于人类发展和自我实现的环境。人本管理是人本主义心理学的重要组成部分。它强调对雇员的尊重、理解和关爱，通过激励，激发他们的潜能和创造性，使他们获得尊重和创造价值。正因如此，人本心理学与积极心理学具有相似性，都着重发展人类潜能，实现自身价值，重视和发展人类的正面人格。

（三）人本管理理论与中职生心理健康管理的关系

中职生的心理卫生管理是一种对人、心理的管理。中职生的身心发展是管理的终极目的。这符合"以人为中心"的经营思想。

第一，实行人性化的管理，尊重和关爱中职生，把他们视为平等、自由、独立、有思想的个体，并积极地关心他们的生活、学习和心理状况。理解他们的思想，满足他们的心理需要，使他们感受到自己的价值，从而改变他们的错误认识，消除他们的坏心情，从而有效地提高他们的心理状态。

第二，人本管理强调积极心理学，培养个体优秀的心理品质和发展潜力，对中职生的心理健康起到了积极作用。

第三，以人为中心的管理注重人与人之间的平等与独立共存，在平等的环境下，能够很好地促进师生的和谐共处，减少矛盾，营造和谐的校园环境。重视师生间的平等、独立，有助于降低中职生（来访者）的抗拒，有利于敞开心扉和表达自己的心理问题。

第二节　中职生心理素质问题及成因分析

一、中职生存在的心理问题

作为一个特殊的群体，中职生有着与普通学生同样的心理特征，但又有着自己的特点。心理问题也有其特殊性。

（一）学习兴趣匮乏，学习动机较弱

学习心理问题是目前中职生所面对的最大难题。在中职院校，学习是最重要的工作。余国良等人对中职生的心理健康进行了调查，结果显示，从一年级到三年级，中职生的学习动力明显降低。在学习兴趣和主观能动性上存在一些问题。

（二）人格自责自卑，缺乏恒心和毅力

不同的人格特征对中职生的心理健康有直接的影响。有相当比例的中职生由于对自己的学习成绩和目前的状况感到不满而过分地自责。另外，在中职生的正向心理品质中，勇气维度的执着与诚恳因子均较低，反映了中职生在学习和生活

上的勇气不足、自信心不足，缺乏持之以恒的意志力，用谎言、欺骗掩盖了自己的自卑感，从而保护了脆弱的自尊心。

（三）人际交往敏感焦虑，主动交往意识较差

人就是这个社会的一员。人只有在与人进行持续的交往和交流中，才能对自己的价值观念进行反思，并使其心理健康。中职生因为缺乏对学习的信心和积极的交流，他们很难与外部世界交流。根据统计，中职生的人际关系能力在同龄人中是较低的，虽然他们的内心是友善的，却不会表现出他们的善意。由于缺乏自信，他们会变得害羞、敏感、焦虑，因此会引起人际关系的矛盾。

（四）职业素养提升缓慢，缺乏团队合作心理

中职生的职业素养是决定其未来就业质量和职业发展的重要因素。很多公司都反映，中职生在进入公司或工厂后，无法迅速适应工作。学生的专业素养与企业招聘标准不符，是其主要原因。

总体而言，中职生在学习、性格、社交、职业素质等各方面都有差异。在对中职生进行心理健康管理时，要注重培养其职业兴趣，并能有效地激发其内在的学习动力；降低中职生的学习恐惧感，正确看待其学业成绩；培养学生正确处理各种失败与挫折，使他们在学习、生活中获得自信。同时，中职生也要强化社交技巧，要敢于展现自己的才华；保持职业兴趣，强化职业咨询，增强职业适应性；养成积极心态，改进不良的心理。

二、中职生心理问题的原因分析

中职生的心理健康问题是多种因素造成的。当前中职生的心理健康管理还存在着诸如缺乏专业的管理设施、缺乏专业师资、对中职生心理健康关注不足的问题，以及忽视了中职生的积极心理素质培养缺乏系统性和针对性的问题。与此同时，社会、家庭也要负起相应的责任。目前，我国存在着对中职生大量的消极评价，网络监管缺失，家长的教学方式都对中职生的心理健康产生了一定的影响。当然，也有中职生自身的原因。从以下四个方面进行说明。

（一）学校原因

1. 无专门心理健康管理机构

从总体上看，学校的管理机构多，但是没有一个部门可以对学生的心理健康进行有效的管理。部分中职学校的心理健康工作由道德教育副校长负责，当

学校的心理教师遇到问题时，他们大都会主动去找这个部门，但是因为没有明确的程序，很多问题并没有得到很好的解决。由于缺乏中层管理，造成了上司与辅导员的失误，使其无法得到及时、有效的处理。另外，心理教师也会对从事心理健康工作感到厌烦，因为他们对全职工作没有归属感，并且很多工作都受到限制，不能充分发挥自己的能力。

2. 管理中对中职生心理品质关注不足

中职生管理工作中，往往会发现和查找问题，甚至会加重问题，抓住问题，反复强调，造成师生"问题多"的假象，忽略其优点，从而削弱对中职生的评价，降低对中职生的评价。为此，教育与管理部门要转变以往的"唯分数论英雄"的思想，重视学生自身的优势，发挥其所长，发展其综合素质，提高其综合素质，有效地缓解其心理压力，提高其心理素质。

（二）社会原因

1. 社区文化环境创设不足

第一，缺乏对心理健康的认识，缺乏对心理健康的正面重视。因此，很多学生和父母在心理健康方面存在着片面的认识，对心理辅导存在着错误认识，没有做好心理准备，害怕去做心理辅导时被人耻笑、与心理病人混淆。

第二，缺乏对教师和父母的培养。教师与父母是学生的直接的管理人员。缺乏心理卫生知识，无法及时发现、调整和干预中职生心理问题，将其扼杀在摇篮中。

第三，社区的网络环境也不够干净。如今，互联网已走进了我们的日常生活，然而，网络的环境有时候也是不安全的。在网络管理上，社区未能创造一个干净、阳光、积极的网络环境。

2. 社会对中职生的负面评价较多

当前，社会对中职生的评价偏低。他们片面地相信，部分中职生都是学习成绩差、问题多、品德差的，因此，他们上了中职后，成绩也不会好到哪里去。在中职学校里，中职生自己也会有一种自卑的感觉。因此，社会公众对中职生的消极评价，在一定程度上使其心理健康受到一定的影响，同时也使在中职院校开展心理健康工作中遇到了一定的困难。在我国持续发展职业教育与训练，促进职业学校的发展，社会对各类技术人员的需求日益增加时，中职教育的评价也随之改变。

（三）家庭原因

1. 家庭教育方式不当

家庭是青少年心理健康发展的第一所学校。先前的研究表明，家庭关系（亲子关系）和家庭养育模式在影响学生心理健康的家庭因素中尤为重要。英国心理学家约翰·鲍尔比（John Bowlby）指出，儿童心理健康的关键是和谐稳定的亲子关系。苏联、匈牙利和其他国家的一些心理学家认为，家庭教育可以影响孩子的性格。不正确的家庭教养往往导致病态人格和神经症，这是许多其他神经心理障碍的根本原因。因此，父母教育与保持和巩固孩子心理健康有着最直接的联系。

2. 来自父母的积极关注和支持较少

每位家长对子女的期望值都很高，假如现在的期望值不能满足，那就会失望。家长真心希望自己的子女能够进入一所好的学校。当他们不得不将子女送入中职院校时，他们对子女的期望值就会降低，也无法给予他们充分的鼓励与支持。另外，由于工作上的原因，家长很少和子女沟通，往往仅仅是满足了他们的物质需要，而忽视了他们的心理需要。缺少家长的关爱，会极大地影响儿童的心理健康。

3. 家长的传统观念影响中职生心理健康

很多家长认为心理问题是那么的神秘，以至于他们仅仅把注意力集中在经济和物质需求上，而忽略了孩子的心理需求。当孩子出现心理问题时，他们又不愿承认或逃避，从而使其心理问题不断恶化，从而耽误了最佳的心理辅导和治疗的时机。转变父母的传统观念、鼓励父母谈论心理问题、勇于面对中职生心理问题、重视中职生心理需要，是提高中职生心理素质的有效途径。

（四）中职生自身原因

1. 中职生心理发展特点

中职生还处在青少年时期，由于他们对自身的高度自信、对中枢神经系统的高度兴奋以及对自己的独立性的认识，他们产生了一种叛逆的情绪；情感表现为半成熟与半童化的矛盾；男女间存在着隐约的性吸引；与家长的关系表现为情感、行为、视觉的分离，家长扮演的角色在不断削弱；不是盲目地接纳教师了，而是一种心理上的反对。他们希望得到成人应有的权利，寻求新的行为准则，并在社交中扮演更重要的角色。但是，因为心理层面的限制，很多的期待是不能被满足的，从而造成挫败。这种不均衡的身体和心理发展，使得学生在心理和行为上都会出现各种各样的问题。如果不能及时、有效地处理好以上问题，必然会影响中职生的心理健康。

2. 对自身心理健康不够重视

无论是在学习还是在生活中，中职生都难免会遭遇情感上的紧张和认识上的偏差。要是不能习惯，就会有心理上的问题。在这个时候，他们必须借助外部的力量，消除情感上的压力，或者改变他们的认知偏差。据学校的心理教师说，很多中职生对自身的心理健康问题并不十分重视，并没有认识到某些不良的情绪和行为是心理健康问题，以及自身存在的某些误区。很多中职生不重视情绪的调整和适当的放松，也不愿意为了适应新的环境而做出调整。这一类中职生是最容易出现心理问题的。因此，应加强对其心理健康的宣传和教育。

3. 讳疾忌医，不愿面对自己的心理问题

中职生在出现了心理问题后，选择了逃避，拒绝承认，或者是恐惧。比起处理心理问题，他们更担心他人的目光和闲话。在他们看来，当承认心理状况有问题时，别人就会认为自己得了"心理病"。所以，比起到心理咨询室求助，他们宁愿一个人站着。所以，要使中职生意识到心理健康的重要意义，从而使他们了解到心理上的疼痛并非"心理病"。

4. 中职生自身积极心理品质发展程度影响心理健康

研究发现，中职生的心理健康状况与其积极心理品质有明显的关系。而积极心理品质越高，则越不易产生情感上的紧张，反之，越能造成较大的压力。所以，在中职生的心理健康发展过程中，要从心理上培养积极的心理品质，发展其潜力，才能在中职生的心理上形成一道防线，从而有效地解决他们的学习与生活问题，促进其心理健康。

第三节 中职生心理素养提升策略研究

无论是积极心理学理论还是人本管理理论，都强调个人的全面发展，满足个人的心理需要，并充分发挥个人的潜力。所以，在中职生心理健康的管理中，要营造良好的自然、人文、心理环境，对心理有差异的中职生实行分层管理，创造激发其内在潜能、培养其正面心理品质、提高其心理适应力。

一、成立心理健康管理中心，完善管理机制

心理健康管理中心是对学生进行积极的心理教育与管理的功能机构。该机构与各行政机关无关，与学生办公室、学术办公室、训练办公室并列。本中心的主要工作：制订切实可行的培养方案，为中职生的健康成长创造良好的环境，提升其心理防护能力，以最大限度地满足其心理需要，提升其幸福指数，促进其心理健康。

（一）设置不同功能机构，明确各自职责

根据心理健康管理的需求，将心理健康管理中心划分为积极心理学宣传队组、积极心理健康教育组、危机干预组和积极心理实践组。积极心理学宣传队主要在学校传播有关积极心理学的知识、思想和观点，并通过微博、微信、QQ、学校网站等网上媒体进行线上宣传；积极的心理健康教育组，为全体学生及父母提供健康教育及辅导，其中包含课堂及课外辅导；危机干预组主要负责对有心理疾病的学生进行危机干预和处理；积极的心理实践组是通过对中职生进行一种有效的积极的心理健康教育。通过全方位、立体化的教学活动，营造良好的学习与生活环境，增强中职生的心理素质，促进其心理健康。

（二）组建专业团队，提升管理者管理意识和能力

从校长、心理教师的口中得知，目前部分中职学校对于中职生的心理健康问题并不十分重视，忽视了中职生的心理健康，忽视了中职生良好的心理素质对中职生全面发展的重要作用。他们还停留在解决"生病"的心理问题的水平上，对"生病"中职生的主动防范和对"不生病"的中职生的正面心理品质的培养还没有形成认识的框架，造成了中职学校管理目标单一、内容片面化的问题。心理健康管理的目的，不只是要使学生摆脱心理问题，对有心理问题的学生进行干预与治疗，更要加强中职生的心理素质，使其健康与快乐地成长。

首先，身为中职学校的校长，必须认真地研究有关的心理学理论，了解其在心理健康管理中的重要作用。转变以问题为中心的传统心理健康管理理念，积极关注中职生"利益面"，领导全体职工积极进行心理调查，把正面心理教育融入教育教学，把积极心理学的思维运用于学生的管理之中。另外，为掌握中职生心理健康管理的发展方向，制订了短期、中长期的心理发展规划。

其次，教师的心理健康状况对学生的心理健康有很大的影响。教师要培养学生积极的心理品质，必须具备健康、积极、乐观的心态，具备积极的心理教育与辅导的理论知识，具备积极的心理健康教育的职业能力。中职学校要先让职业心理教师具备有关积极心理学的理论知识，并运用积极心理教育的技巧与方法，对全校师生进行正面的心理教育。营造有利于学生积极心理品质的教育氛围。

（三）完善监督和评价机制，提高管理工作效率

对中职学校心理卫生工作进行监测与评估，要从以人为本的角度进行。一方面，要调动管理者的工作积极性，使其在心理健康管理的全过程中，达到自我实现的目的，从而使其获得快乐与成就感，进而提升其专业素质；另一方面，评价的重点应放在全面提升学生的心理素质，注重挖掘其潜能，而非单纯地针对个别学生的心理问题。

首先，中职学校要建立一个支援团体。为了鼓舞教师的士气，教师应该参与到监督、预算分配、课程、规章制度和日常管理。为让全体教师都能参与到中职学校的心理健康工作中来，中职学校应该成立由校长、行政人员及全体教师组成的心理卫生团队。小组组长向学生说明各小组的工作职责，阐明工作的具体内容，并对其进行督导，将其记录在案。

其次，要建立健全的教学评估体系。各学校要对各学期的课程及活动进行相互评价与自我评价。其主要内容包括开设心理健康课程、发放教材、课堂教学、心理活动、心理咨询等。考核方式可以是多种多样的：理论知识部分可以采用笔试形式进行，而实践部分则是采用问卷调查来了解学生的心理状况。学校将会在收集的资料的基础上，及时修正和改进训练方案。

二、建立分级管理体系，对不同对象实行分层管理

通过分层管理，可以有效地实现对中职生的心理健康进行分级管理。对中职生心理健康管理工作的研究，可以提升学校心理健康管理工作的实效，使其更具普遍性、针对性，切实保障学生的心理健康。

（一）面向全体中职生的初级预防体系

初级预防体系面向全体中职生，其主要目标是培养全体中职生的心理素质与专业能力，促进他们的健康成长，为将来的就业打下良好的基础。其主要内容：

了解中职生的心理需要、心理健康现状、开设心理健康课程、提高其认识、发展积极的心理素质。

1. 全面收集中职生心理健康信息，了解其心理需求

对中职生进行定期的心理健康检查，建立动态的心理健康档案。内容包括病史、心理测试结果、心理辅导报告。心理健康档案就像一个巨大而又精细的网络，它能真实地反映出中职生的心理状态和发展轨迹，是中职学校进行心理健康管理的重要依据。通过对中职生的心理健康档案的审核与甄别，可以发现有高风险心理问题的中职生，并加以注意，能有效地防止问题的进一步发展。

2. 加强心理健康知识普及力度

中职院校心理健康教育是培养学生心理健康教育的有效途径。学生对心理健康知识的掌握程度越高，越注重自身的心理健康。学生对自身心理健康的关注程度越高，对心理健康的认识也就越高。因此，学校要加强心理健康知识普及力度。一般的宣传方法：提供有关的课程，如心理理论课程、心理活动课程、心理素质课程等；在网上推广使用多媒体资源，如设立一个正式的学校心理健康账户、创建一个学习心理学的群等。总之，通过全方位、立体化和多途径的宣传，营造了一个良好的氛围，让学生对有关的心理健康知识有了更深的理解。

3. 开展心理健康专题活动

积极的应对方式有利于学生的心理健康发展，而消极的应对方式则是不利的。因此，应加强对学生的应激行为的教育，使其学会积极应对各种突发事件，从而达到改善中职生心理健康的目的。为此，中职学校可以采取针对性的心理卫生措施，加强对学生的心理问题处理。首先，中职学校可以通过专题研究的方式，对学生进行心理问题的处理；其次，在学习过程中，运用专业的心理训练，如交际技能，提升中职生解决问题的能力。通过情景模拟、角色扮演等方式，中职生可以多次体会其效果。以专题的方式进行团体心理辅导，使中职生逐渐认识并掌握应对心理问题的办法。

4. 开设积极心理健康课程，加强教材开发

心理健康应当被列入中职教育的教学大纲，心理健康的内容应当独立、完整地向学生展示。同时，本课程也要有专门的心理教师来教授。只有如此，才能真正地提升学生的心理素质，并认同中职学校的心理教师，从而达到真正的效果。同时，要针对不同的学生特点，加大对教材的开发力度。如学习积极心理学的理

论资料；开发具有积极心理品质的教学材料；《心理应对技巧》教材是针对学校常见的心理问题而编写的。

（二）开展积极心理管理，完善管理内容

从积极心理学的观点来看，应从建立学生心理健康档案、营造积极的心理环境等方面入手。强化中职生的心理适应能力；重视对中职生的积极心理品质的培养，并对其进行积极的认识与控制。

1. 创建中职生心理档案

中职生的心理健康档案应该包含两个部分：一是反映其心理发展情况的心理健康档案，了解其心理健康状态及存在的问题，并对潜在问题进行早期预防与干预；二是建立积极的心理品质档案，以反映中职生良好的素质与潜能，了解其发展的正面心态，全面把握其优缺点，并进行有针对性的心理健康教育。

2. 实行"人性化"宿舍管理，促进中职生健康人格形成

寝室在中职院校中发挥一种特殊作用，它直接关系到中职生的心理健康。在实行寝室管理时，要运用积极心理学的思想，建立"以人为本"的寝室管理模式。

三、加强中职生心理问题调适，强化心理调节技能训练

通过对中职生心理健康状况的调查，可以了解其心理问题。通过对中职生心理问题的充分认识，更好地提高其心理素质。

（一）学习心理问题的调适

当前，部分中职生存在学习兴趣低、学习动机差、学习畏惧、学习方法缺乏等诸多问题，应加强对中职生学习心理的适应，并通过反复的练习与解释来提高他们的学习心理适应性。

1. 要培养中职生的学习兴趣

学习兴趣包括对基本的文化课和专业课的兴趣。当前中职生存在认知偏差。如在中职学校里，可以学会一些技巧，所以，文化课就不那么重要了；学一门专业的课程是很枯燥的。这两种认识的产生，使中职生产生了一种"不愿学"的心理。要想解决这一问题，就必须从以下几点着手。首先，要对中职生的认识进行矫正。使中职生了解学习基础文化课的重要意义，并使其具有兴趣。其次，提高课堂教学的趣味性、实践性，提高中职生的学习兴趣。最后，激发中职生内在的

学习动力。透过对文化与职业学习的重要阐释，使中职生能把浓厚的学习兴趣转变成一种内在的动机，从而维持高的学习积极性。

2.对学习焦虑的适应性

中职学校存在着一群具有较高学习动力和较高自我要求的中职生。但是，由于基础薄弱，努力学习的结果常常有很大的差别。一些中职生虽然在学业上取得了优异的成绩，但他们还是会感到忧虑和害怕，担心自己的学业表现不能达到父母和教师的要求，又担心在同学面前丢了脸。当然，也有部分学生因为害怕考试而不能发挥出真正的水平。在这种情况下，一是要引导他们制定合适的学习目标，而这些目标是要靠自己的努力来达到的。二是要有一个适当的对比模式，使之能够与那些水平相当的中职生相比较。三是要转变学习的态度，要让中职生明白，读书不是为了教师、父母的荣誉，也不是为了自己的脸面，而是为了自己的学业，为了自己的前途。四是要学会如何去控制自己的恐惧。适度的忧虑可以促进人的进步，而过分的忧虑则会对人的心理造成不利的影响。所以，在教学中，要教会他们如何减轻焦虑，如通过认知适应来改变不合理认知；通过运动或特定的行动来调整行为；进行自我放松的锻炼。

3.培养学生的学习方式和技巧

中职生在入学时就存在着基础较薄弱、学习能力较低等问题。很多中职生还保持着原有的"红色"记忆，从而造成了"不及格"。所以，在学习基础文化课和专业课程时，一定要把科学的学习方法传授给中职生，才能起到事半功倍的作用，增强中职生的自信心。

（二）自卑心理问题的调适

中职生在学业上存在着自卑感，缺乏自我认同与自我肯定，觉得自己比考上高中和大学的人略逊一筹。这一错误观念深刻地影响到了中职生的评价，这对中职生的自我评价也有很大的影响。长期的考试不及格造成的心理阴影，使中职生产生了一种低人一等的心态，因而丧失了对学业的自信。应根据这种形势，采取下列对策。第一，指导中职生进行合理的自我评价，认识自身的长处与潜能。对中职生的正面心理品质进行调查，有助于中职生对其突出的心理品质进行全面的认识，并从中发现其闪光点。第二，学校、父母要根据中职生的学习表现，制定相应的评价标准。第三，教育学生正确的学习，制定合理的学习目标与规划，体会成功的喜悦，并逐渐从自卑的阴影中走出来。第四，要强化中职生的身份意识，使他们意识到国家对中职教育的需要，他们能够在职业教育和训练中，成为一名优秀的、有能力的人，为国家、为社会做出自己的贡献。

（三）人际关系问题的调适

在人际交往中，有相当数量的中职生因缺乏自信而不愿与人交流，表现出羞怯、内向、畏惧。有些中职生为了掩盖自己的自卑、傲慢、不尊重，在学校里引起了一系列的矛盾。所有这些都是值得我们思考和重视的。

一是在对中职生进行心理辅导与人际关系辅导时，应从规制中职生行为入手。如果你遇见了一位教师，你就应该停下来跟他打招呼。如果你在餐厅用餐，就应当自觉地排好队。在别人讲话的时候，你要学习聆听，不要随便插嘴。当你在课堂上遇到问题时，首先要举手。和别人说话的时候，你要停下手头的工作，和别人对视，以示尊敬。这些礼仪都是以特定的方式来界定的，并且会在一个学期内对学生进行培训和引导。要求中职生在日常的学习和生活中，始终保持这些行为习惯。在一定时期内，中职生和教师都能建立起良好的人际关系环境，从而减少中职生与教师之间的矛盾。二是鼓励中职生在公众面前大胆地发表意见，展现自己的才能，锻炼自己的胆识和表现力，战胜人际关系中的恐惧。三是要学会社交。如怎样正确地表达自己的意见，怎样和别人交流，怎样赢得别人的信赖和尊敬等。

四、激发中职生潜能，开发和培养中职生积极心理品质

品德主观意识强调充分发挥人的主体性，充分发挥其潜能，使其获得全面发展。中职生的积极心理品质发展水平对其心理健康有一定的影响。加强对中职生的积极心理品质的培养，对其进行有效的教育与训练，有利于其长期、稳定的发展。

（一）认知维度品质的开发和培养

中职生的学习能力较强，但他们的创新能力、思考能力、观察力都相对薄弱，因此，在培养他们的认知维度上，应该着重培养他们的创新能力、思考能力和观察力，提升他们的综合能力。提高中职生的认识能力，可以帮助中职生在面临各种问题时，理性地认识问题，进行理性的思维和观察，主动寻找问题的解决办法，以消除心理上的烦恼。

（二）人际维度品质的开发和培养

人际关系维度包含了爱心与友善的心理素质。中职生的"爱心"和"友善"的心理品质在总体上处于"高水平"。这说明了中职生有爱心和友善的品格，但是他们不懂得如何去表现自己的爱心和友善。

因此，在人际维度的心理品质的开发与培养中，中职生应该注重与父母沟通、表达对父母的关爱、与父母的沟通等方面的能力的培养；与教师交流，向教师表示尊敬；与同学、朋友的沟通也包含了与同性、异性伙伴的沟通，恰当地表达友情与爱心，处理与同学之间的矛盾与冲突；与上司交流工作，并与公司的同事、管理者保持良好的关系。这些都是中职教育和培养的重要内容。

（三）勇敢维度品质的开发和培养

部分中职生的勇敢维度品质稍低，低于各方面的综合素质发展水平。这说明了中职生在勇气维度上的发展存在不足。因此，在勇敢维度品质的开发和培养中，要注重父母榜样的力量，以自己无所畏惧的形象影响孩子；要鼓励中职生自己去面对困难，克服其依赖性，使他们认识到自己的能力，以及自己有办法应付遇到的问题和困难。

（四）公正维度品质的开发和培养

目前，中职生公正意识薄弱，一个重要的原因就是对社会主义核心价值观教育方法和内容态度的消极。只有改变中职生的态度，才能提升中职生的公正观培育效果。在公正维度品质的开发和培养中，提高教师的宣传引导能力；建设公正校园文化；利用互联网，建立网上公正教育基地。

（五）节制维度品质的开发和培养

学习掌控是一个成熟的信号。通过对"宽容、谦逊、审慎"的节制维度的研究发现，中职生的宽容、谦逊和审慎的发展程度显著高于全国中学生并在各方面的心理素质发展上处于较高的位置。这说明了中职生具有一种宽宏大量的胸怀，谦虚、谨慎、不自满，而且有很好的自控能力。不过，在他们还处于青春期，这种节制还不足以应付突然出现的压力。比方说，当他们被同班人挑衅、欺凌，他们常常会控制不住自己的冲动。所以，在教学过程中，要运用心理游戏、录像等方法，培养中职生对突发事件的处理能力。

（六）超越维度品质的开发和培养

超越的层面包含了心理层面、幽默层面、信念层面和希望层面。中职生在这四个层面的超越维度均高于平均水平，在各心理素质发展方面均居前列，但稍逊于全国小学生水平。这说明中职生的超越维度品质虽然整体上有较好的发展，但是与全国的平均水平相比还是有差距的。要强化中职生的超常能力定位与培养。心灵的感应与幽默感绝非单纯的练习可以实现，它需要时间的累积。如心灵感应需要中职生时刻感恩、有一定的审美观、鉴赏力、善于发现美、善于欣赏美。所以，在培养学生的心灵触觉时，我们可以设计出一系列的思维活动。如让学生回忆起他们在过去的学习和生活中所获得的帮助，然后思考的时候体会到这些情感，并把它们记录下来。或让学生观看优秀的影片，欣赏优美的音乐与图画，让他们感受到情绪与美感，并努力将其表现出来。通过不断的练习，中职生能产生一种感激之情。有时候，一个小小的感动，常常可以解决一个学生的心理问题，就会豁然开朗。

五、防微杜渐，加强对心理健康风险因子的识别与干预

积极心理学强调积极的预防和治疗。因此，中职生心理健康管理应未雨绸缪，及时主动识别和预测心理健康风险，避免心理问题的发生或心理问题发展到更严重的程度。影响中职生心理健康的危险因素主要来自生理、心理和社会方面。

（一）生理方面的心理健康风险因子的识别与干预

影响中职生心理健康的生理因素主要包括身体特征、身体缺陷、身体疾病等。另外，有生理缺陷或身体状况不正常的中职生也会有一定的心理应激反应，要对其进行有效的干预。

中职生的一个特征就是比较关注自身的外貌。针对这一问题教师和父母要对孩子进行指导和教育。首先，让学生意识到，身体发肤受之父母，树立中职生正确的形象观。认识到每个人都有不足之处，接受自己外貌的不完美。其次，我们不应只注重外在的美丑，要更注重我们心灵的纯净与美。我们可以通过不断的努力，不断地提升自己的积极心态，使自己成为一个积极、上进、开朗的年轻人，从而获得更多的鲜花和掌声，获得别人的关爱与尊敬。

教师和同学要多注意那些身体上有问题的学生，对有心理问题的同学，要及时地给予指导。

（二）心理方面的心理健康风险因子的识别与干预

影响中职生心理健康的主要因素包括认知的不合理、认知偏差、意志薄弱、行为不良等。部分中职生给自己打上"劣等的标签"。这种认识上的偏差，对中职生的心理健康产生了深刻的影响。就像是一个囚笼，将他们困在里面，有人在挣扎，有人在放弃。因此，对中职生的不合理认知进行适当的干预，纠正其不合理的认识，使其形成一种正确的认识。

同时，教师和父母要注意情绪低落、长期有不良行为习惯的中职生，找出问题的根源，对其进行心理疏导、介入，并对其进行及时的矫正。

（三）社会方面的心理健康风险因子的识别与干预

社会评价不合理、家庭教养方式、亲子关系、师生关系、同伴关系等是影响中职生心理健康的重要因素。首先，社会评价对中职生的自我评价有一定的影响，并对其心理健康产生一定的影响。其次，不同的家庭教育方式对中职生的心理也有一定的影响。中职生与家长、教师、同学的不良关系又一次成为影响中职生心理健康的重要因素。所以，教师和家长要尽可能地了解学生的社交环境，一旦有可能发生的危险因素，就必须进行相应的干预。

通过组织中职生参与社会实践，树立中职生的良好形象，逐渐扭转社会对中职生的消极看法。同时，定期组织家长参加家庭教育活动，改变以往的家庭教育模式，营造民主、平等、和谐的家庭环境，为中职生的心理健康发展提供有力的家庭支持。在师生的交往中，教师要密切注意，及时发现并处理师生间的矛盾。

六、家校社区联动，构建促进中职生心理健康的积极支持系统

人际关系是一种很好的心理状态。家庭、学校和社区，在发展个体的心理品质和心理健康上扮演着非常重要的角色。

从宏观上讲，要构建全面、立体的中职生人际支援体系。首先，学校要强化专业建设，培养学生的职业兴趣，提升学生的专业满意度。同时，要积极组织学生参加社会性体育活动，树立中职学生的良好形象。其次，社区也要担负起相应的社会责任：一方面要大力宣传心理卫生知识，另一方面要组织专家开展心理健康咨询、心理辅导活动，对教师、父母进行培训，转变他们的传统观念，促进他们的心理健康。同时，要加强网络监督，创造一个干净的网络环境。

（一）家校合作开展专业兴趣活动，提升专业满意度

中职生的工作满意度对其心理健康有一定的影响。为此，学校要从入学初期就对学生进行专门的训练，并通过各种有趣的教学活动来提升他们的职业满意度。

1. 开展专业趣味竞赛活动

为了培养学生的专业兴趣，在专业学习期间，要针对不同专业进行各类专业趣味竞赛。

2. 组织参加社会实践活动，提升社会支持度

当前，我国的中职教育存在着诸多的消极评价。通过定期组织学生参与社会公益活动，可以在外界树立中职生的良好形象，扭转人们对中职生的负面印象，同时也可以从内部增强中职生的社会责任感，培养他们的爱心、乐于助人的正面心态，并训练他们的职业操守能力。

3. 加强家校沟通，构建和谐亲子关系

在中职学校中，父母的关系对其心理健康有很大的影响。良好的家庭关系有利于孩子掌握基本的知识和技巧、正确的价值观、良好的行为习惯以及顺利地实现社会化。但是，如果父母的关系不好，很可能会导致行为障碍等不良行为。因此，加强家校沟通，不但有助于父母对子女的优势、专长有一个全面的认识，也有利于构建和谐亲子关系，同时也能为中职生的心理健康提供一定的支持。

4. 加强对父母的教育培训，提升父母心理健康教育能力

鼓励家长建立正面的、共同的教育模式，以促进孩子的健康成长。在共同抚养中，家长往往会有多种模式，如和谐模式、对抗模式、分歧模式、单方面模式和漠视模式。其中，只有"和谐"模式才是正向的。父母要加强对子女的心理健康教育，以言传身教的方式对子女进行潜移默化的教育，营造民主、积极、乐观的氛围，使子女体会到来自父母的积极的关爱，从而使子女的身心得到良好的成长。因此，要加强对父母的教育培训，不断提升父母的心理健康教育能力。

（二）加强社区管理，营造和谐社区环境

首先，要提高学生的心理健康意识。可以在社区中投放一些"广告"，投放广告的方式主要包括公告牌、报纸、手册、广播、微信平台等。通过"广告"，介绍心理健康的重要性、心理健康标准、心理问题类型、心理适应技巧、积极心理素质的类型与作用、心理辅导的作用及总体流程，居民了解心理健康的基本情

况，了解心理辅导的对象并非心理有问题的人，而是通常由正常人群引起的心理压力过大的人群。

其次，为教师、父母提供心理辅导。社区应该定期邀请专业人士及辅导员到社区进行心理健康讲座，并对教师及父母进行培训。该课程涵盖了教师在心理健康方面的教育与训练，也包括家庭教育与家长辅导。让教师及家长了解基础的心理辅导技能，能有效地解决中职生的心理问题。

最后，加强对网络的监测和净化。各社区应该与本地的互联网经营者联系，设定青少年上网方式，限制中职生上网的时间等。此外，为了让中职生更好地利用互联网，还可以在互联网上加入几个青少年的学习模块。

第五章 中职生职业素养中工匠精神的影响因素

《中国制造 2025》的发布敲响了中国从制造业大国向制造业强国迈进的战鼓。中国由制造业大国转变为制造业强国必须加快实现制造业的转型升级。中职院校作为培育具备工匠精神的高素质技能人才的重要基地，助推中国制造业的转型升级重要力量，中职学校学生工匠精神培育的现状如何？培育路径如何优化？

第一节 中职生工匠精神培育的理论依据和核心概念

一、中职生工匠精神培育的理论依据

（一）马斯洛需求层次理论

著名的心理学家亚伯拉罕·马斯洛（Abraham Harold Maslow）于 1943 年提出了需求层次理论（Hierarchical Theory of Needs），认为人只有在实现了最基础的需求后，才可能会去追求更高一级的需求。马斯洛认为需求层次理论包含着人对生理的需求、安全的需求、归属和爱的需求、尊重的需求和自我实现的需求。

1970 年，马斯洛又将需求层次理论增加到了八个阶段，增加了认知需求，审美需求和超越需求。这八个阶段像金字塔一样的层层堆叠，人的需求从对外在事物的满足逐渐转变为内部的需求，转变为对自身对个人内在价值的需求。

初版需求层次理论包含五个阶段，影响最广。其中，生理的需求属于最基础的需求；安全的需求是希望保障自身的健康、安全的需求。生理的需求和安全的需求都属于人类对于生存的需求，是最低阶的需求。归属和爱的需求以及尊重的需求是人在满足部分生存的需求时所追求的高阶段的需求。《史记·管晏列传》

有名句"仓廪实而知礼节，衣食足而知荣辱"。同样认为人只有在丰衣足食的情况下，才懂得礼仪荣辱。自我实现的需求一般是人在满足外在生存条件，获得归属与爱的情况下产生的一种不断探索自己的潜能和完善自身能力、超越自我的需求。

李月琴学者认为前三种需求是缺失性的需求，对人的身心健康意义重大；尊重需求和自我实现的需求是成长性的需求，对适应社会成就自己意义非凡。肖红秋学者曾在论文中谈道：马斯洛的需要层次理论在中职生思想教育工作中有非常现实的指导意义，是增强中职生思想教育针对性与有效性的前提和基础，也是行之有效的思想教育工作方式。工匠精神属于马斯洛需求层次理论的最高层级，是人对自身职业精神的严格要求和职业能力的不懈追求。中职生普遍是中考失利生，在文化基础上相对而言较为薄弱、容易自卑且缺乏自信和学习动力，容易产生混日子的消极懈怠心理。在中职生工匠精神培育的过程中，了解中职生的特点和需求，从马斯洛需求层次理论的五个阶段进行分析对症下药，将会事半功倍。

（二）社会学习理论

1964年，阿尔伯特·班杜拉受赫尔派学习理论家米勒（N. Miller）、多拉德（J. Dollard）和西尔斯（R. R. Sears）的影响，开始把学习理论运用于社会行为的研究中。班杜拉是社会学习理论的奠基者。班杜拉的社会学习理论主要包括三元交互理论、观察学习、亲历学习和效能等。

在三元交互学习理论中，班杜拉指出："行为、主体（人）、环境因素实际上是作为相互连接、相互作用的决定因素产生作用的。"行为、主体、环境三者之间是相互影响的。对学习行为产生影响的不仅是环境，也不只是内在的，而是由三个方面交互产生的影响。在培育中职生工匠精神时，我们不仅要提供良好的学习环境，更要激发学生内在的因素（如对未来生活的期待、成为大国工匠的信念、薪资目标等），最终产生交互的影响。

观察学习是通过在环境中观察他人的行为及该行为产生的后果而产生的学习。在观察学习中，班杜拉将学习过程分成注意、保持、生成和动机四个部分。学习者通过观察对象，进行信息的筛选和提取，再将观察到的行为用表象化或者言语的形式记录在脑中，由短时记忆转化为长时记忆。学习者将储存在脑中的符号提取出来转换成适当的行为，通过适当的时机将其表现出来。在这一过程中，学习者从他人的行为及结果的观察中获得了新的行为反应，或已有的行为反应得到了修正或改善。工匠精神作为一种职业精神、职业道德和职业能力，仅靠教师讲授显然是不够的，应该借鉴观察学习的四个部分要求，有计划、有目的地去培养，还可以在中职院校教学过程中树立能够让中职生近距离接触和观察的榜样等。

二、核心概念界定

（一）工匠精神的内涵

李宏伟和别应龙把工匠精神的内涵概括为五个方面，包括师道精神、制造精神、创业精神、创造精神和实践精神。刘志彪认为工匠精神包括追求完美和细节、不断精进和认真负责的态度。冯宝晶将工匠精神概括为四个层面：一是技艺精湛，追求卓越；二是爱岗敬业，高度负责；三是淡泊名利，一生坚守；四是道技合一，革新创造。

当前学术界对工匠精神内涵的理解并没有形成统一的意见。从本质上讲，"工匠精神"是一种职业精神，它是职业道德、职业能力、职业品质的体现，是从业者的一种职业价值取向和行为表现。

（二）中职学校

中职学校即为中等职业学校，《教育大辞典》将中等职业学校定义为"教育系统中介于初等教育与高等教育之间的组成部分"。中职学校是处于高中教育阶段对学生进行职业能力培训的教育学校，教育的目的是培育适应社会发展的专业技能人才和高素质的劳动者。中等职业教育是我国现行职业教育体系的重要组成部分，主要是由中职学校来实施的。中职学校的招生对象是初中毕业生或是具备同等学力的人员，也招收高中毕业生，学制一般为 3 年，也有部分专业长达 5 年。中职学校毕业生的学历属于中职学历。

本章的中职学校是一所建校已有 44 年的国家重点中专学校，隶属于 J 省国资委。学校开设有五大类专业，包括电子与自动化、计算机、数控加工、汽车维修和学前教育等共计 25 个专业。学校招生分为中职和高技：报考中职的学生必须具备应届或往届初中学历；报考高技的学生必须具备高中或中职毕业证。学校根据不同专业，将学制细分为 ABCD 四类。A 类学制针对部分高技专业学生，主要获得高中或中职毕业证的学生，学制为 2～3 年；B 类学制针对具有初中学历的高技专业学生，学制为 3+2 年；C 类学制为普通中专专业，学制 3 年；D 类为中高职对接专业，学制 5 年。学校的高技技工毕业证具备大专同等学力。

第二节　中职生工匠精神培育的现状

一、访谈方案设计

（一）选择研究对象

在确定研究的问题和了解到相关背景知识的同时，研究对象的抽样问题应提到日程上来。这时我们需要问自己几个问题：第一，我应该到什么地方收集数据？我应该什么时间搜集数据较为合适？哪些人对我的研究最有价值？第二，为什么要选择这个地方、这个时间和这些人？第三，这些研究对象可以为我提供哪些信息？这些信息是否可以回答我的研究问题？

仔细思考这些问题后，得出了以下答案：第一，2020—2021 学年第一学期（2020 年 9 月—2021 年 1 月）曾在 J 职业学校实习。J 职业学校建校 40 多年，是一所国家重点技师学校。J 职业学校规模宏大、办学历史悠久，是集高级技工、技师、职业培训、技能鉴定为一体极具影响力的职业院校，目前在校学生人数已达万人以上。J 职业学校在培育学生工匠精神方面取得一些成效，具备个案研究价值。笔者在实习期间，吃住在学校，担任 10 个班级的任课教师，也接触到了许多优秀的一线教师和数百名学生，因此很容易进入研究现场和找到合适的研究对象。基于此，所做的研究正是基于该职业学校的个案研究，同时需要到这所学校做调研。第二，所研究的问题是中职生工匠精神培育的现实困境与路径优化，那么研究的人是该校的教师和学生。第三，必须选择合适的时间才能事半功倍。因此，必须提前做好调查，避开该校的大赛、竞赛、军训、节假日等。

研究的对象确定以后，需要决定采取什么样的抽样方式。为了就本研究问题进行深入的探讨，采取强度抽样的方式对学生进行抽样，抽取"具有较高信息密度和强度的个案进行研究"，寻找可以为本研究提供最丰富的信息的个案。为了找到最合适的学生作为研究对象，经过测试最终设置了四个条件，分别为入学时间一年以上（一年级学生刚入学不符合要求，三年级学生有实习任务，优先选择二年级学生）、课堂表现积极认真、在技能大赛获过奖和必须是技术应用型专业。最后找到了该校三系六个专业共计 16 名同学作为研究对象。

为便于比较，对于该校教师采取了滚雪球的抽样方式，先通过特殊渠道或人脉找到一位知情人士进行调查，再由这位知情人士推荐可以为本研究提供有价值信息的对象，一层层的介绍，直到获取的信息达到饱和。本研究最终访谈到 6 位教龄在 10 年以上，德高望重的优秀教师。

（二）收集资料的方法

在确定研究对象和抽样完成后，下一步要进行的是资料的搜集工作。资料的收集是一项很大的工程。本研究选择深度访谈法作为主要研究方法。访谈是建立在人与人之间相互理解上，通过言语的沟通、态度和肢体动作等传递彼此的思想。访谈相比其他研究方法具有更大的灵活性，在遇到模棱两可的回答时可以及时进一步追问，也更容易判断回答的真实性等，这是选择访谈作为本研究的主要研究方法的原因。在预约研究对象的过程中，经常遇到"没时间""已读不回"等情况；或者约上了因为各种原因导致回答问题不够走心，最终被剔除。由于选择的是一对一的线下访谈形式，相比较问卷调查法更耗时耗力。

（三）编制访谈提纲

访谈提纲的编制是重中之重。即使是开放式的访谈，也要提前准备好访谈提纲。提纲决定了访谈的大致走向，可以合理地控制访谈的进行和时长。本研究的访谈提纲为半结构式访谈提纲，其需要符合两个基本要求：一是问题是事先准备的，并且准备一部分（半结构），要通过访谈员进行大量改进；二是要深入事实内部。准备好访谈提纲后，在访谈过程中对访谈对象进行引导性的提问，并不断改进访谈提纲。最终，使访谈提纲能显现、归纳、凝练出中职生工匠精神培育的重要影响因素。

还要注意的是，访谈提纲的编制要避免出现一些"是否"类的问题，因为这样会导致被访谈者回答的过于简单，不能够展开来回答；提倡开放式的问题，如您怎样看待这个问题？您对这个现象持有什么样的看法？等；避免问题轰炸，也就是说问题一个接一个地从访谈者嘴里"蹦"出来的同时，被访谈者很可能还在思考第一个问题，或是完全记不清楚访谈者问了什么。访谈者的态度，更是重中之重，要展现出亲和力，不能对被访谈者展现出太多的个人情绪，不能时刻表示质疑，不断追问"为什么"也很容易惹人讨厌。

通过查阅文献和相关著作，编制了第一版的访谈提纲（学生版）。问题 1 是对工匠精神的认识进行了解；问题 2、3 对教师和教学方式进行引导性提问；问题 3、4 对学校课程展开提问；问题 5 对育人环境进行了解；问题 6 对培育效果进行提问。学生版访谈提纲（第一版）见表 5-1。

表 5-1　学生版访谈提纲（第一版）

访谈问题
1. 你认为工匠精神都包括哪些内容？请简单地说几个
2. 认可教师有刚才谈到的特质吗？还有其他补充吗
3. 教师在给你们上课或者实训的过程中，是怎样培育工匠精神的
4. 现有的教科书中，都提到了哪些工匠精神相关内容
5. 校园的工匠精神气氛如何
6. 学校培育你们工匠精神的方式，你是怎么看待的

编制好访谈提纲后，找到 J 职业学校二年级数控加工专业的 X 同学和三年级电子技术应用的 Z 同学进行测试。访谈时长 31 分 39 秒。进行访谈时，发现这份提纲存在很多问题。X 同学回答问题很困难，6 个问题几乎每个都谈不了。Z 同学不太真诚。因此意识到这份提纲必须大改，改动的方向一是要更加口语化，要通俗易懂，要符合年龄在十几岁的学生的阅读理解能力；二是尽量减少使用专业术语，将工匠精神一词替换为社会上普遍认可的精益求精、钻研、创新等词汇；三是问题的数量太少，并且不够全面，这可能会导致对问题了解的深度不够；四是研究对象的选择，也就是被访谈者的抽样，这 2 位被随机挑选出来的同学显然不符合我研究的需求。因此精心设置了四个条件来筛选出最能为本研究提供价值的研究对象。经过对存在的问题进一步分析并测试，在修改后融入了职业能力、育人环境、课程教学、培养途径等维度，并咨询了 5 位职业教育领域的专家，最后形成了访谈提纲，见表 5-2 和表 5-3。

表 5-2　学生版访谈提纲

所属类目	问题
择校原因	1. 选择贵校的原因是？满意现在的专业吗
专业技能	2. 目前学到了哪些"知识"
	3. 现在掌握的熟练度如何
职业能力	4. 能胜任哪些工作
	5. 具备哪些特点更好找工作
职业素养	6. 在工作中，你会怎样和同事相处

所属类目	问题
职业品质	7. 制作有价值的产品需要做到哪些方面
工匠精神的内涵	8. 你认为工匠精神包括哪些内容
	9. 你知道哪些工匠精神的代表人物吗
课程	10. 哪些科目和工匠精神相关
教学	11. 教师在教学或者实训中怎样"传授"工匠精神
教师	12. 任课教师中有多少位"双师型教师"
育人环境	13. 你们校园的文化氛围怎么样？和工匠精神相关的内容有哪些
培育途径	14. 学校培育你们工匠精神的方式，你是怎么看待的
考核评价	15. 有哪些考核方式

表 5-3　教师版访谈提纲

序号	问题
1	您认为工匠精神包含哪些内容
2	您通常怎样将这些内容融入相关的教育教学活动
3	学校培育学生工匠精神的方式，您有什么看法？效果如何
4	您认为应从哪些方面来培育学生的工匠精神

二、中职生工匠精神培育现状

在中职生工匠精神培育方面，黄君录认为中职学校应从价值转向、课程教学、实践体悟和氛围营造方面来培育中职生工匠精神。价值转向一是中职学校要转变教育观念，正确认识新时代工匠精神的价值内涵；二是加强顶层设计，把工匠精神的培育渗透到中职学校的方方面面，如办学思想和教学理念等。课程教学一是直接课程，中职学校应开设与培育工匠精神相关的直接课程来培养学生的职业素养；二是间接课程，在其他文化课和专业课中融入工匠精神，在课程的熏陶和教师的言传身教中潜移默化的影响中职生。实践体悟主要有校外实习和校内实训等形式，让中职生将学到的知识运用到实践中，提高动手操作能力，在实践中检验真理。氛围营造主要包括校园文化的建设、学校的宣传等，对中职生起到熏陶的作用。

结合在 J 职业学校顶岗实习期间搜集的资料和深度访谈梳理的资料，J 职业学校着力培育中职生工匠精神，也取得了一定成效。

（一）培育中职生工匠精神的基本措施

1. 学校办学定位明确

J 职业学校的办学定位是为国家来培养一些有技术的劳动者，为国家培养"蓝领阶层"。学校将国家培养提出的工匠精神，针对学校的现实情况做出了"能吃苦，做到耐心、专注、坚持，注重细节，精益求精，追求极致"的诠释，并具体落实到计算机工程、电子工程、机电工程和社会服务四个系。

2. 校园文化氛围

学校在宣传工匠精神方面，做出了很多努力。如将工匠精神设置到入学考试的试卷里、张贴宣传海报和宣传标语、学校大屏幕轮播工匠精神、让中职生观看工匠精神视频等。校长和学工处处长多次举办宣传讲座，并交由班主任具体落实宣传工匠精神。

3. 鼓励中职生参加技能竞赛

学校鼓励中职生参加技能竞赛、班主任动员中职生参与技能竞赛，不仅可以激发中职生的想象力、创造力，更能够增加中职生的学习积极性、自我效能感。为了培育工匠精神，学校还自主举办了每年一次的"技能节竞赛"。每位中职生都可以参与，力求全体中职生都能够参与到技能的竞赛中。技能节竞赛分为初赛和复赛，获奖的同学不仅可以得到荣誉证书，还能获得 30 元到 100 元不等的奖金。因此，中职生参与比赛的热情高涨。

4. 设有培育工匠精神的专门课程

学校开设有《红色文化》和《职业与人生》两门课程直接培养中职生工匠精神，课程隶属于基础教育中心部门，并配备了专门的《工匠精神读本》，可供中职生学习。课程除了培育学生工匠精神，在爱国教育方面也做出了努力。上课的频率为每周一次。

5. 实训课设施齐全

J 职业学校的实训场地设备齐全。教师教学的现场包括硬件设施、环境的布置等一比一还原企业的生产车间，将"环境"引到教师的教学现场，可以使中职生如同身临其境，更好地学习专业技能。专业课的教师除了学校自己的专业教师之外，还有从企业聘请的专家，包括技术骨干和工程师，进行兼职的授课。

（二）培育中职生工匠精神的主要成效

通过一系列的工匠精神培育措施，J 职业学校主要在以下四个方面取得成效：

一是提高了学校知名度。通过对工匠精神培育的重视，学校的办学得到了社会各界的认可，成为父母心中的首选职业学校。许多学生在父母的推荐下来到 J 职业学校就读，目前在校学生高达 1 万人以上。J 职业学校是一所著名的万人职业院校。自 2006 年起，J 职业学校已经连续四届被评为 J 省文明的单位。建校 40 多年间，J 职业学校先后被授予"全国教育系统先进集体"和"全国职业教育先进单位"等荣誉。

二是技能比赛成果凸显。学校高度重视技能竞赛工作，积极鼓励教师和学生参赛。J 职业学校积极落实以赛促学、以赛促教，学校的教师和中职生多次在全国大赛上获得一等奖。在全省竞赛中所向披靡。J 职业学校毕生生小 Y，曾在世界技能大赛勇夺冠军，实现了中国在电气装置项目金牌零的突破。

三是提高了中职生就业稳定性。参加工作的稳定性提高，中职生毕业后，选择本专业就业的人数增长了三成，就业后频繁跳槽的人数降低了两成。J 职业学校毕业生秦驰，从事本专业行业十数年，已经将工匠精神融入血液。

四是增强了工作适应性。通过学校工匠精神的培育举措，学校在与用人单位环境相同的场所对中职生进行的针对性实训，使中职生能够快速地掌握工作技巧，无缝衔接地融入工作场景，降低用人单位的入职培训成本等，用人单位对该校毕业生的认可度提高。

第三节　中职生工匠精神培育的路径优化

一、强化对工匠精神的社会认同

强化对"工匠精神"的社会认同，应提高"工匠精神"的各项社会待遇，在全社会营造尊重劳动、尊重技术、尊敬创造的社会氛围，让"工匠精神"，从目前的国家重视到最终成为每个青年人的职业追求和价值认同。

（一）营造尊重工匠的良好社会氛围

大众媒体应发挥自己独特的作用，广泛宣传大国工匠创造的社会价值和宣传发达国家优秀"匠人"文化，如日本的职人精神之严谨、德国双元制与精益求精、美国的创造等，通过宣传国外优秀"工匠"文化，为我国本土"工匠"文化注入新的血液，逐渐改变社会大众的传统观念，在社会上营造出全民学习工匠精神、全民尊重大国工匠的氛围。

国家及各行各业应对工匠开展大力表彰，如设置"感动中国十大工匠"等荣誉颁发给行业优秀技能人才；组织各式各样的宣传活动来展示优秀工匠的风采；引导社会各界创作优秀文艺作品来赞美"感动中国十大工匠"；在校园中开展"有奖征文"活动和主题演讲活动等，如"徐立平，我想读你说"，营造劳动光荣的校园文化氛围。

要有意识地加强优秀传统文化教育，对传统文化"取其精华，去其糟粕"。增加我国历史上优秀工匠的影视创作，如创作"鲁班传""欧冶子传奇""大国工匠李春"这类影视作品，可包含动画、戏说、正剧等不同类型以涵盖不同年龄段的人群，在影视作品中重点突出选徒、拜师、传艺到出师等拜师学艺流程和强调匠心独运、精益求精等品质。将工匠精神打造成家喻户晓的"流行文化"。

（二）完善制度保障，改善工匠的社会待遇

应妥善解决技能人才收入低的现象，保障技能人才的稳定收入，对德艺双馨的优秀工匠要进行必要的物质奖励。技能人才只有在收入达到一定水平，生活没有后顾之忧，才能更加心无旁骛地钻研自己的技术。

改善技能人才的工作环境，关注身心健康，给予人文关怀。对从事重工业的一线工人在降低辐射、灰尘和烟雾净化等方面要加大投入与监管力度。给技能人才安排定期体检和"五险一金"等。

通过提高技能人才的社会待遇，可以解决工匠的后顾之忧，使人才可以专心致志、精益求精地完成自己的使命，行业也能长久的留住人才。

二、构建完善的课程体系

构建完善的课程体系有利于培育中职生精益求精、永不放弃的意志品质，使其产生职业归属感和认同感。构建完善的课程体系应与时偕行地改进课程建设、完善教学方法、更换教学内容，将工匠精神融入课程体系的方方面面。培育中职

生工匠精神应构建包含专业技能课程、思想政治课程、职业生涯规划类课程、心理健康教育的课程体系。

一是专业技能课程，中职生只有学好专业课，掌握一技之长为步入工作岗位奠定扎实的基础，才能立足于现代社会。在专业课的学习过程中，教师不仅要传授行业规范、操作技能等专业知识，更应以身作则，言传身教；经验丰富的教师将自身经验传授给中职生也会事半功倍。二是思想政治课程，工匠精神的含义不仅有对技艺的不断追求、精益求精，还包含着热爱国家、奉献国家的含义，因此思想政治课尤为重要。在培养学生专业技能的同时，必须不断培养爱国爱党爱人民群众的情怀，心有大爱，才能称之为大国工匠。要不断提高学生的道德修养，增强学生对工匠精神价值认同。三是职业生涯规划课程，可以帮助学生对自己的职业有清晰明确的规划，清楚每个时间段该做什么、为什么这么做。坚持以人为本和因材施教的原则，引导学生找到适合自己的职业发展方向。四是心理健康课程要注重培养、引导学生坚持不懈和吃苦耐劳，成就大国工匠并非一朝一夕的，必须增强学生坚韧不拔、锲而不舍的意志，使学生面对困境时，能够勇于承担责任，勇于担当。

三、加强"双师型"师资队伍建设

目前，关于建设"双师型"师资队伍的政策很多，但明确其法律地位的规章条例类政策文本却极为罕见。因此，弱化了建设"双师型"队伍的效力。应该将建设"双师型"师资队伍的立法提上日程，只有受到法律的保障，才能保证这一措施的正常实施、健康发展。必须重视"双师型"教师的专业化，职业教师与普通教师的区别在于其实践技能性，"匠人"的基础就是精湛的技艺，深厚的技艺标准，是对此行业极深入的研究，这与"双师型"教师队伍建设中的理论和实践能力复合型人才相符。应该转变"双师型"教师的观念，部分职业学校教师自身对于职业学校中职生也带有个人"偏见"，这种"偏见"更会伤害学生的自尊心。将工匠精神融入"双师型"教师建设中，"双师型"教师不单是指双证或双职称，而是在传授学生知识和技能的同时，也要注重对学生工匠精神的培育。教师对工匠精神的认识和理解、对工匠精神的宣传直接影响学生自身的工匠精神。将专注、认真、精益求精变成教师本身的特质，使教师在对学生的言传神教中，促进学生学习和体会工匠精神。

"双师型"教师必须不断学习，终身学习，不断更新自己的知识结构和与时俱进的学习最新的专业技能。国家和学校应给教师提供培训交流的机会，让教师不断接触新事物。一是职前培训，在入职前对"双师型"教师做理论教学、实践操作、工匠精神方面培训，再用说课、实践、评价表等进行评价。二是学校定期培育，定期对教师进行培训，培训时必须按照一定的要求做，不能只是"做做样子"。三是企业培训，定期让教师去行业企业学习，接触最新的行业发展、了解最新的行业需求、行业标准，对症下药地培训学生。四是国际交流培训，利用寒暑假给予优秀教师国际交流的名额，让教师有机会"走出去"看一看和"引进来"新知识。让教师近距离的参观发达国家的职业教育，不仅可以增加教师的职业荣誉感，而且对培育学生工匠精神也大有裨益。

四、严格人才考核标准

中职学校应重视人才考核过程，应采取多样化的考核方式，从不同角度对学生的职业素养、职业能力和职业道德等方面进行评价，这样得出的考核结果更加全面。

根据评价的主体，可以分设自我评价、教师评价、专家评价和企业评价。自我评价是学生的自我反省，曾子曰："吾日三省吾身。"个体的主观能动性是影响人的重要因素。教师是最熟悉学生的群体，教师在教学工作中，对学生进行形成性评价，掌握学生的最新发展，并指导迷津，是培育学生工匠精神的领路人。专家评价是由专家收集视频、文字、考试等资料，对现阶段的工匠精神的培育做出分析，得出的结论是学校重点关注的内容。作为用人单位，企业的评价是非常重要的。学生在学校学习三到五年，最终的去向是用人单位，那么由用人单位给出意见是非常专业的，有利于学校改进人才培育的方式，有利于校企合作的发展。

根据评价的具体内容，可以分为专业技能考核、职业素养考核和职业道德考核等。考核方式不应局限于纸质版的试卷，专业技能考核应该设置专门的评价表，评价学生的动手能力、练习时长、对细节的把握和应对突发状况的能力等，再根据日常的操作表现给出综合的评价。蒋乃平认为"具有较高职业素养的从业者，职业生涯才有可能可持续发展"。对职业素养和职业道德的考核应建立在科学的评价指标体系的基础上。

五、激发中职生内在学习动机

中职生是工匠精神培育的主体。培育中职生工匠精神必须充分调动中职生的学习积极性，发挥其主观能动性，激发学生的内在学习动机。应从学习兴趣、目标两个层面来入手培育中职生工匠精神。

（一）培养学习兴趣，树立职业理想

兴趣不是单独存在的东西，它代表着一系列行动、一份工作、一份职业或完全吸引一个人的能力。兴趣可以帮助学生产生自主学习的内部动机充分发挥学生学习的主观能动性。当学生对所学知识产生浓厚兴趣时，求知的欲望才会被激发出来，进而产生积极的学习态度和内在的学习动机。北宋教育家张载曾说过"人若志趣不远，心不在焉，虽学无成"。意思是一个人如果志向、情趣不远大高雅，就会不把心思放在学习上面，即使表面上去学习，也决不会有所成就。

职业理想是人们在职业上依据社会要求和个人条件，借想象而确立的奋斗目标，即个人渴望达到的职业境界。在中职生入学伊始，就要在学生心里种下职业理想的种子，引导学生正确认识和对待自己的专业，培养对未来职业的热爱。若是学生对本专业提不起兴趣，对课程和教学也会产生抵触心理，出现逃课、旷课、迟到早退的现象，就会荒废了学业。

（二）培养自主学习能力，制定学习目标

中职生的第一要务是学习，既包括专业技能的学习，也包括基础知识、道德修养、为人处世的学习。中职生在校期间，应培养其自主学习的能力。

在具体的培养过程中，学校应帮助学生制定详细的学习目标与符合学生自身发展水平的学习计划。俗语"磨刀不误砍柴工"正是这个道理，在学习开始前，做好一切准备，那么结果必定事半功倍。根据心理学家维果斯基（Lev Vygotsky）的最近发展区理论和班杜拉的自我效能感理论，中职生在制定学习目标和学习计划时必须遵循可行性原则，要灵活变通。应分别制定以周为单位的目标、以月为单位的目标和以学期为单位的目标，将学习任务分阶段的部署和实施。短期目标设置稍微有点难度，学生努努力就可以达到的目标，可以提升学生的自我效能感。这样的短期目标可以以周为单位。中期目标根据学生的最近发展区设置，为学生提供略微带有难度的内容，调动积极性，激发学生的潜能，使学生可以超越其最近发展区而达到下一个发展阶段的水平。长期目标可以设置为掌握某项技能或考取某种技能证书，让学生体会到付出总会有收获等。如此，中职生方能在层次性的目标任务中，既能专心学习专业技能和理论知识，又可以兼顾人际沟通和提高思想政治素养。

第六章　中职生职业素养中职业生涯规划问题及对策——以 W 中职学校为例

当前，在我国教育行业的发展过程中，学生的综合素养培育越来越重要，这在中职教育阶段中也非常常见。对于中职教育体系来说，在当前的发展中也开始积极响应我国关于应用型人才培养等方面的战略内容，并开始在人才培养体系中全方位融入职业生涯规划的内容，保证学生在毕业以后都能够明确自身未来发展的方向，尽快适应行业岗位的环境。在这种情况下，中职学校的人才培养体系就出现了一定的变化，开始立足于学生的核心素养来展开职业生涯规划，改变了整个教育体系的格局。

第一节　中职生职业生涯规划现状调查

一、中职生职业生涯规划现状

自 2002 年国家提出大力发展职业教育以来，我国中等职业教育发展迎来了快速扩张的"黄金时期"，中职学校从招生数量到办学规模等方面均取得了跨越式发展，为社会培养了数以十万计的高素质应用型人才，创造了巨大的经济产值与社会效益。

中职学校在进行教学改革时，依据"以服务为宗旨，以就业为导向"的战略方针，将服务置于首位，结合科学化就业指导，推动职业教育教学发展，实施职业生涯规划教育能够引导学生合理清晰地规划自己未来的职业发展方向，对促进中职生就业与创业发挥着极大的推动功能。因此，高校、社会乃至国家对职业生涯教育的关注度越来越高。教育部于 2001 年发布了《教育部关于中职学校德育课课程设置与教学安排的意见》，明文规定将职业生涯教育纳入到职业学校的必修课程范畴。按规定，全国各地也陆续开设了"职业道德与职业指导"等与之相关的课程，并选取北京、江苏以及浙江等地区作为试点全面实施职业生涯教育。全国其他地区的中职学校也结合区域经济发展状况与自身办学特色开展了各具特色的职业生涯教育活动，积累了大量实施职业生涯规划教育的实践经验。

过去二十年间，我国中职生职业生涯规划教育在教育体制及机制方面开展了卓有成效的改革，在多省市中职学校设立了专门性就业指导机构，并有计划地实施相关课程及教学活动，学生就业情况得到了极大改善，在一定程度上增强了职业教育的社会吸引力。然而，我国职业生涯规划教育尚处于起步阶段，从教育理论到实践等各个层面都未形成科学成熟的体系。部分中职学校里开展的职业生涯规划教育从某种程度来讲还停留在传统职业指导范畴，仍然浮于表面、形式单一，临近学生毕业才进行就业辅导、政策解说、法律咨询和组织招聘活动等，只重视就业之果而忽视了发展之根本，使目前职业生涯规划教育呈现功利化、短视化、零散化的"怪象"。其实施策略及教育方式严重滞后于职业教育人才培养需求，极大地制约了中职生职业生涯规划的可持续发展，影响了我国职业教育人才培养质量的提升。本研究拟从学校教育、学生个体和社会支持三个层面分析我国中职生职业生涯教育存在的突出矛盾，以寻找这些问题的解决方案。

对于我国中职学校来说，已经开始充分认识应用型人才培养的重要性，同时也将其融入学生的职业生涯规划中。当前学校对于学生所修的方向有较为清晰的分类，并着力于培养学生对于这些技能的掌握，比如护理、药剂、数控车床、焊接等。而在学生职业生涯规划工作中，则是通过调研等各类方式来明确学生的自身兴趣，同时兼顾他们在学校学习的具体情况，最终选定他们以后学习的方向，然后再基于选定方向进行职业生涯规划的后续分析。由此，中职学校就能够构建完备的职业生涯规划体系，避免学生在以后学习的时候出现迷茫等情绪，提高整体教学的成效。

而对于 W 中职学校来说，在职业生涯规划制订的时候也沿用了上述方式。这种方法虽然能够较好提高实践性教学模块的效果，并给中职生指明未来学习与成长的主要方向。但是这种方法也还存在一定的不足，最突出的问题就是没有真正跟核心素养培养紧密结合在一起。在当前的社会环境中，该校毕业学生在未来会面临着比较复杂的社会环境。如果他们仅仅掌握了学校所传授的技能，而自身的核心能力没有得到较好提升，那么就很容易被当前社会市场环境所淘汰，在未来就业中不具备显著优势。在这种情况下，就有必要对 W 中职学校职业生涯规划的实际现状进行全面的分析，并能够在后续的研究中提出针对性的改善措施。

为了获得相应的研究资料与信息，通过这些调研活动，就可以掌握中职学校学生的职业生涯规划的整体现状，同时还针对调研内容进行了全方位的分析与探讨，最终也就可以通过多个角度来分析学生职业生涯规划。

（一）W中职学校学生在校期间现状

1. 中职生在校期间常见问题

在本次调研活动展开过程中，笔者还找到一些中职生进行了简单的访谈，同时在访谈中也发现了中职生在学习与就业方面存在一些问题。如在访谈活动中A学生表示，"我们学校的很多学生都是学习不好的学生，上完高中也没有什么前途，就被家长送到职校中学习一些技能，好在社会中就业……"这部分中职生在学习活动开始之初就否定了自己，认为自己在学习上一无是处，因此在各项学习活动中也表现得比较消极，被动地参与到学习活动，最终也就很难具有较高的核心素质和职业素养。而在访谈活动中B学生则表示，"在学校的时候，也不怎么学习，平时都是跟其他朋友参与一些课外活动，在课堂上也学习不到太有用的知识，找工作的事情等到毕业以后再说吧……"这部分中职生对于就业的概念是非常模糊的，认为自己就业是等到毕业以后才开始考虑的，现在随便学些知识混日子就行了。这两类中职生是在当前中职学校中最为常见的情况，同时也对他们的未来就业带来了显著的负面影响，必须在后续教育教学过程中引起充分的重视。

2. 中职生的矛盾心理

在本次调研活动中，有相当一部分中职生在日常学习和职业生涯规划过程中也存在较为显著的矛盾心理，这里也进行综合的阐述。第一，广阔的就业愿景与自身实力之间的矛盾。有相当一部分中职生对于自身就业表现得虽然比较消极，但是在谈及日后就业的时候，他们都希望能够找一个工资高、晋升空间大的岗位。而正由于他们毕业于中职学校，也让很多中职生没有自信，认为自己以后无法实现这种就业愿景，只能从事一些底层的工作。第二，中职生也存在追求和谐人际关系和排斥学校与教师的矛盾心理。大部分中职生都希望能够在学校环境中获得正常互利的人际关系，但中职生的自身生活与学习状态也让他们感受到了一定的自卑，同时也很容易将这些负面心理与情绪排解到教师与学校主体上。第三，中职生在学习与生活中也存在崇高理想与实利主义之间的矛盾。当前，在我国中职生的价值观念体系中，很多中职生都开始认识到崇高理想对于自身道德水平完善的重要意义，同时也会针对性提升自身的德育品质。在访谈活动中，很多中职生都表示自己平时也愿意参与一些集体活动，同时也会主动承担各种社会责任。但是在这些中职生平时的行为中，他们也表现出了一些极端实利主义，以自我为中心的利己行为。这也说明中职生在社会责任和正义感等方面，过多停留在观念上，并没有得到全方位的落实。

（二）W 中职学校学生职业生涯规划现状

1. 职业生涯规划意识薄弱

在本次问卷调查中，针对 W 中职学校学生的职业生涯规划意识进行了全方位的调研。通过问卷中的数据可以知道，当前 W 中职学校接受调研的 58% 中职生都认为职业生涯规划对于自己的未来就业并没有太大的用处，同时这些中职生在平时也不会积极参与职业生涯规划。而有 23% 的中职生虽然在平时学习中了解过职业生涯规划的相关内容，但是在内心中并没有真正认可这些模块，对于职业生涯规划表现得兴趣缺乏。有 10% 的中职生虽然已经认识到职业生涯规划对于自己以后就业有较好的帮助，但是这些中职生并没有形成完善的职业生涯规划方向，因此也就使得职业生涯规划并没有真正融入他们的就业模块中。而在本次调研活动中，发现仅有 9% 的中职生已经有了相对完善的职业生涯规划，同时对于自身职业生涯规划内容也有着较高的认可度，并且在自身后续学习过程中也遵循了职业生涯规划的内容来进行有针对性的学习。通过总结这部分调研内容以后发现，当前 W 中职学校学生在职业生涯规划方面的整体意识还比较薄弱，很难保证职业生涯规划在中职生身上发挥较好的成效，必须在后续的教育教学活动中进行专项的调整与改善。

2. 学习观念偏差

在本次关于 W 中职学校学生就业的相关调研活动中，中职生的学习观念还存在一定的偏差。通过数据可以发现，当前很多中职生在学习态度方面都存在不足，有 26% 的中职生还没有充分认清课堂知识学习与技能训练的重要作用，同时还有 23% 的中职生经常在课堂中做出玩手机和睡觉的行为，并且 22% 的中职生对于自己的学习活动都没有显著的自信心，这也就很难在学习过程中取得较好的成效。通过本次的调研活动，发现仅有 5% 的中职生在学校学习过程中已经建立了完善的学习规划。这个比例相对来说还比较低，同时也说明了 W 中职学校的很多学生并没有真正全身心投入学习中，同时在学习过程中的整体意志也不坚定，需要在后续教育教学中进行相应的改善。对于中职生来说，如果没有坚定的学习观念和信念，那么就很容易在遇到学习困难的时候轻易放弃，不利于学生整体学习水平的提升。因此在中职学校后续教学过程中，教师还应该重视学生在学习观念上的不足，能够跟学生未来就业紧密联系在一起开展相应的学习活动。

3. 职业生涯规划中的核心素养能力融入层次较低

在 W 中职学校中，虽然学校已经开始贯彻职业生涯规划体系，但是并没有全面深入融入核心素养能力。通过调研活动发现，当前 W 中职学校虽然已经构建了职业生涯规划体系，但整个体系的搭建主要用于培养学生的专项技能，并引导学生按照既定的教学规划参与各类学习活动，最终完成教学任务。通过这个职业生涯规划体系，中职生虽然能够快速掌握相关的实践技能，但是多数学生在技能掌握上也存在一定的滞后性。在跟学生进行交流以后，学生 A 表示："在进入学校第一年的时候，教师就会让我们自由选择后面要修的方向，并且会初步指导我们进行职业生涯规划。而在后面几年中，我们的方向确定以后，学校就会直接针对性教我们学习岗位技能，还会参加一些顶岗实习、模拟岗位等活动。"学生 B 表示："在学校学习的几年时间里，自己确实能够学习到社会岗位所需要的技能。但是在自己毕业以后，单单依靠自己所掌握的技能还是很难找到工作，甚至一些招聘人员在看到我们学历的时候就会否决我们。即便是通过了基础筛选，到了面试的时候他们也会问我们一些学校学习之外的内容，很难通过这些面试。"通过这些情况也可以看出。虽然 W 中职学校针对中职生开展了职业生涯规划，同时还综合利用实践教学模块促使学生掌握了各类岗位技能。但是这些学生在毕业以后，依然很难找到理想的工作，同时在整个社会行业岗位中也不具有太强的竞争力。之所以出现这种情况，就是因为当前 W 中职学校的职业生涯规划并没有全方位深度融入核心素养的内容，使得学生毕业以后也很容易被市场环境所淘汰。

（三）核心素养与职业生涯规划的相关性分析

1. W 中职学校学生核心素养认知现状

结合我国所提出的《中国学生发展核心素养》文件可以知道，我国学生的核心素养可以分为三个方面、六大素养的整体格局，具体有人文底蕴、科学精神、学会学习、健康生活、责任担当、实践创新，这里也结合六个维度内容来进行深入全面的分析。

第一，人文底蕴。人文底蕴主要是指中职生在学习过程中形成的情感态度和价值取向，能够形成较好的情感价值观。而在调研访谈过程中，发现当前该校学生的情感价值观还存在一定的不足。通过进一步了解以后发现,多数学生人文底蕴不高的主要原因就是他们在平时接触了多种网络文化,同时也容易受到负面文化的影响,最终导致他们的审美取向、情感价值都出现了一定的偏移。

第二,科学精神。科学精神主要是指学生在学习过程中能够灵活使用科学知识与技能来形成理性思维、批判质疑等能力。但在访谈调研的时候发现,很多学生表示学校开展的教学活动都是一些简单的课程教学。这种教学方式很难开拓学生的视野,最终也就无法提高学生的综合能力,在批判质疑、自主探索等方面也存在非常显著的不足。

第三,学会学习。学会学习主要是指学生要形成自主学习的意识,同时也可以根据自身实际情况选择最合适的学习方法。而在本次调研活动中,很多学生在这方面的能力都存在较为显著的不足。学生 A 表示:"自己在课余时间里基本没有进行学习活动,但是参与了一些学校社团类活动。"学生 B 则表示:"自己在课余时间里基本上都进行了娱乐,打篮球、乒乓球之类,并且还会玩一些电子游戏,在课堂中参与学习活动就可以,没必要花费大量时间来进行课余学习。"学生 C 表示:"自己在平时也会进行一些学习活动,主要集中在教师布置的作业和任务,但在其他学习活动中,自己虽然想参与,但没有具体的目标。"通过这些分析可以发现,W 中职学校的很多学生目前还没有形成自主学习的意识,同时也没有掌握自主学习的有效方法,也就很难具有较好的学习效果,无法成为核心素养要求下的新时代青年。

第四,健康生活。健康生活主要是指认识自我、规划人生等方面的综合表现,在很大程度上决定了学生的未来发展方向,同时也是核心素养的关键模块之一。结合本次调研活动的实际情况来看,该校的多数学生对于这方面的认知水平也存在较为显著的不足。在具体调研过程中,学生 D 表示:"自己离毕业的时间还比较长,等到即将毕业的时候再进行以后人生的规划也不晚,现在的时间就是留给自己维护社交关系的,不需要过于担心以后的成长与发展。"学生 E 表示:"自己在平时并没有进行学习反思和生活反思,不仅是自己,周围的同学也没有进行这些内容,感觉这些模块对我们中职生并不是很重要。"通过这些访谈结果可以知道,当前 W 中职学校的很多学生目前并没有形成自我管理的优势,同时对于自己未来发展方向和当前发展定位也存在不清晰的地方,会显著影响他们的未来成长。

第五,责任担当。责任担当主要是指学生应该具有较高的国家民族情怀,同时对于当前社会环境中发生的各个热点事件也有较为正确的认知,不会被其他负面舆论带偏，并且还要具有一定的社会责任心。而结合目前针对该校学生的访谈调研现状来看，多数学生还没有形成较好的社会责任承担意识。通过学校贴吧的一些言论也可以看出，部分学生已经将网络当成了自身负面情绪的发泄场所，同时由于部分学生在平时习惯使用互联网获取自身所需的信息，因此也容易受到互联网环境中一些低俗、反华、拜金等各类文化影响，也就很难立足于我国实际国情来认知各类热点事件，最终使得部分学生发布了一些不正当言论。而结合当前我国对于中职生的教育培养要求来看，需要每个中职生成为有担当、有抱负的新时代青年。但 W 中职学校的学生在责任担当方面存在的不足，跟这些标准要求还存在明显为的差距，必须在后续发展中引起重视。

第六，实践创新。实践创新主要是指学生能够在自身日常生活学习以及以后参与工作的时候，能够灵活利用自己所掌握的各类知识与技能，并快速适应社会环境和工作氛围，具有较好的自主创新能力，突破性解决各类难题。但在访谈过程中发现，很多学生在课堂中虽然也具有较好的学习效率，但是自身所参与的实践活动比较少，对于各类实践技能和岗位能力的掌握水平还比较有限。根据学生毕业后的表现来看，有相当一部分学生在就业过程中所表现出来的创新能力都存在非常显著的不足，同时也无法灵活结合岗位环境来解决各类问题，有必要在后续时间里引起足够的重视，并在学校教育环境中强化学生创新能力的培养。

2. 核心素养与职业生涯规划的关联性分析

在当前 W 中职学校的教学体系中，核心素养与职业生涯规划之间存在非常显著的关联性，这里也可以立足于上文所提及的核心素养六要素进行分项分析与探讨。

第一，人文底蕴。目前 W 中职学校在人文底蕴方面存在不足，使得他们在职业生涯规划体系中，无法通过良好的情感价值观，充分认识自身的角色定位，同时也很难树立积极正向的综合价值观，不利于他们以后的正常成长与发展，难以达到职业生涯规划的各项目标。

第二，科学精神。当前 W 中职学校在科学精神方面的培养不足，使得学生还没有形成较好的批判质疑能力，很容易出现人云亦云的情况。而在职业生涯规划体系中，如果学生无法形成理性的批判能力，那么就很难灵活将自身所掌握的知识与技能来投入以后的工作过程中，最终就很难实现他们在就业环境中的良好发展和正常成长。

　　第三，学会学习。当前，在我国各类职业环境中，各类技术更迭的速度非常快。因此中职生在学校环境中学习的各类知识与技能，在毕业时有可能存在被社会淘汰的风险。在这种情况下，如果学生具有较好的自主学习能力，那么就能够在以后生活与工作中不断提高自身能力，实现自身专业素养的显著提升。而结合职业生涯规划的角度来看，学生的自主学习能力也是非常关键的，同时也是学生未来成长与发展的核心要素之一。只有学生学会如何自主学习，并掌握自主提升自身综合技能水平的方法，才能够实现职业生涯规划体系中的各项发展要求。

　　第四，健康生活。对于中职生来说，职业生涯规划是他们进行人生规划的核心内容，同时也能够提高他们自我约束与管理的综合水平。这主要是因为健康生活模块需要每个学生根据实际情况来定位自身所处层次，同时还要结合行业发展现状和自己未来成长情况来对比自己所处地位，并比较自身所存在的各项不足与问题。从这个角度来看，核心素养中的健康生活对于职业生涯规划体系的实现具有较为显著的影响，必须在后续教育教学中充分引起重视。

　　第五，责任担当。在 W 中职学校的学生职业生涯规划体系中，最终需要每个学生成长为具有新时代综合素养水平的青年。在这种情况下，职业生涯规划体系就不仅需要学生对于自身专业知识有较好的掌握，还需要中职生具有较好的社会责任感，同时还要具有较高的责任担当意识，特别是在当前我国社会环境比较复杂的情况下，职业生涯规划更应该突出责任担当的重要地位，最终实现核心素养与职业生涯规划的联动人才培养，切实提高学校人才培养的最终成效。

　　第六，实践创新。当前，在我国社会环境中，社会企业的市场竞争也变得非常激烈。对于企业来说，想要在这种复杂市场环境中取得竞争优势，那么就必须积极提高自身的创新水平。而在企业创新体系中，人才的作用是非常突出的。因此职业生涯规划体系也应该全方位融入实践创新模块。这样，学生的创新素养才能够在企业环境中得到较好的发挥，同时也能够提高学生在当前市场环境中的竞争力，这对于职业生涯规划体系构建来说也是非常重要的。

（四）W 中职学校学生就业及择业现状

1. 就业观模糊

　　就当前我国关于毕业生就业方面的理论体系可以知道，正确的四大就业观分别是自主择业观、竞争就业观、职业平等观和多方式就业观。但是在本次调研活动中发现，W 中职学校的学生对于这些就业观的认可程度比较低。当前很多中职生在竞争就业观方面表现比较好，认为当前社会上的岗位本身就存在非常显著的竞争性，需要个人表现突出才可以在竞争环境中得到合适的岗位。但是多数中职生对于自主择业、职业平等、多方式就业等观念的认知方面还存在较为显著的不足。很多中职学校认为既然学校可以跟校外企业共同合作进行一些顶岗实习和实训教学等活动，也可以具备安排自己工作的能力，因此并不十分认可自主择业观。与此同时，很多学生也认为当前社会环境中的岗位有贵贱之分，在就业过程中，这些学生也不愿意从事基层岗位，在择业方面也会出现眼高手低等情况。这些都说明了 W 中职学校学生就业观非常模糊，同时也没有形成正确的就业价值观，需要在后续的教育教学活动中进行专项的调整。

2. 职业期望值过高

在本次调研活动中也发现当前 W 中职学校学生在职业期望值方面表现得非常高。中职生职业期望值具体表现为多个方面，这里也主要通过薪酬来展示学生的职业期望值。当前 W 中职学校的学生对于自身就业薪酬的期望度整体上比较高。对于中职教育程度来说，中职生刚毕业的薪酬期望应该在 2 000 元到 3 000 元比较合理，部分非常优秀的毕业生也可以将自己期望薪酬定在 3 000 元到 4 000 元之间。但跟调研数据相对比以后可以发现，大部分中职学校学生整体薪酬期望度比较高。之所以出现这种情况，主要也是因为很多学生在制定自己期望薪酬的时候，并没有结合自己以后就业前景和岗位行业环境来进行全方位的分析，而是单方面结合自己平时的消费习惯和具体消费数额来明确自身就业薪酬。这种情况也使得很多中职生普遍对自己以后的就业前景表现得非常乐观，不利于自身的以后就业。对于中职生来说，职业薪酬的期望值表现仅仅是他们自身职业期望值过高的一种体现，同时很多学生在就业过程中也对自身的就业岗位挑挑拣拣，希望一步到位寻找一个最合适自己发展的岗位，这也使得很多中职生在就业过程中屡屡碰壁，最终呈现出就业难的整体态势。因此要想提高中职生的职业生涯规划水平，并解决其面临的就业问题，那么就要着力于解决中职生职业期望值过高的问题。

3. 自信心缺乏

在本次调研活动中，还针对 W 中职学校学生在就业过程中的心态进行了分析，发现很多学生在就业过程中都缺乏必要的自信心。通过跟这些中职生进行深入了解以后知道，部分中职生在就业的时候总是认为自己跟那些专科、本科学生相比，没有太强的竞争力，同时在这些就业群体上也找不到自身的优势，很容易产生自卑感。事实上，这种学历模块上的自卑心理都广泛存在于中职生群体中，同时也使得中职生在就业过程中表现得非常被动，也就很难真正求业成功。不仅是在求职的时候，很多中职生在岗位工作过程中，也存在信心不足的情况。这种情况也使得很多中职生无法在岗位工作中实现自己的抱负，难以与企业共同成长。除此之外，在长期自信心缺乏的情况下，也会造成学生的自卑心理，并引发学生的其他负面心理问题。这些情况都使得中职生在后续就业工作中，面对新知识与新技能很难具有较高的积极性，同时也会直接逃避工作过程中所遇到的困难，不敢积极进取。在这种情况下，W 中职学校学生在就业过程中就会形成恶性循环，越来越难参与到就业工作中，最终只会被就业市场逐步淘汰。

4. 就业稳定性差

当前 W 中职学校的学生在就业稳定性方面也存在较为显著的不足，部分中职生在就业一段时间内都会离职。通过跟学校教师的访谈以及了解一些毕业生就业情况以后，发现很多中职生在毕业以后，第一份工作的时间普遍在三个月到六个月之间，并且大部分毕业生都很难坚持六个月，往往都是两三个月以后就离职了。之所以出现这种情况，主要因为很多毕业生在就业的过程中并没有摆正心态，如果找到的工作跟自己理想中的工作有较大差距，往往在工作一段时间以后就选择离职。除此之外，当前 W 中职学校的毕业生普遍为"00 后"，这些学生在平时的生活条件比较好，缺乏成长所必须经历的挫折。因此这些学生在就业的过程中，很难理性处理工作与生活过程中遇到的困难。一旦在工作中遇到较多不顺心的事情，他们往往都会选择离职。这些情况都直接导致 W 中职学校学生就业稳定性差的现象，必须在后续教育教学中进行专项的调整与改善。

二、调查分析发现的问题

（一）大部分中职生的职业生涯规划与选择比较模糊

第一，在职业意识方面。通过本次调研活动可以发现，当前 W 中职学校学生的整体职业意识相对来说比较薄弱，对于自己以后就业的认识也比较浅薄，特别是很多低年级的学生认为就业对于自己来说还是非常遥远的事情，并没有真正将就业活动放在心上。而等到快毕业的时候，这些学生才开始了解就业活动的相关内容，因此也就无法真正了解职业生涯规划的全部内容，同时在就业过程中也很容易出现慌乱的情况。不仅如此，职业意识的薄弱也导致很多中职生都无法真正定位自身在整个职业环境中的具体地位，最终也导致在求职过程中出现眼高手低等各类问题，从而影响了就业活动的正常进行。

第二，在职业选择方面。通过本次调研活动可以发现，很多中职生在职业选择方面表现得也非常被动。虽然多数中职生在学校学习过程中已经设置了专业方向，也指明了可以就业的岗位方向。但是大部分中职生在职业选择方面依然表现得非常迷茫，很难在诸多职业岗位中选择最合适自己的职业。之所以出现这种情况，主要是因为中职生对于自身的认知程度非常有限，很难结合自身的实际情况来选择最适合自己的岗位。很多中职生在面临职业岗位选择的时候，往往都会出现一些自我怀疑和自我否定的情况，并思考自己是否真的能够胜任这个工作。而中职生单靠自己空想是很难得到答案的，因此最终也就会在就业过程中表现得非常迷茫。

第三，在职业价值观方面。通过对 W 中职学校学生进行职业生涯规划的相关问卷调查活动以后可以知道，当前大多数中职生在职业价值观方面都还存在较为显著的不足。很多中职生在就业过程中欠缺基础的职业素养，对待自己岗位的职业态度也存在一定的问题。有相当一部分中职生仅仅是为了岗位薪酬而参与到工作中，并没有在就业过程中明确自己未来的发展方向，这种情况也使得 W 中职学校的学生在岗位就业的时候，基本上都是处于浑浑噩噩的状态中，也就很难具有较好的职业发展成效。

（二）职业技能教学存在显著的滞后性

通过本次调研以后发现，W 中职学校的职业生涯规划体系跟核心素养的融入程度并不算太高。在当前我国中职学校教学体系中，开展职业生涯规划体系以及实践技能培养已经成为学校战略发展的关键内容。而 W 中职学校在这方面也取得了一定的成效，能够保证中职生通过学校的职业生涯规划体系明确未来成长与发展的方向，并利用学校的实践教学培养模块，提高他们对于岗位技能的掌握水平。这样以后，W 中职学校的人才培养体系就能够发挥较好的作用，保证中职生在毕业以后都能够掌握较好的实践技能。但是由于当前我国企业与行业的发展速度非常快，如医药行业有很多新药剂、新护理方法、新医疗设备等元素都会快速出现，对于医药行业从业人员的要求也在不断变高。这种情况都使得 W 中职学校的人才培养具有显著的滞后性，即培养出来的毕业生虽然掌握了一些岗位技能，但这些技能在他们参与社会就业的时候可能有遭到淘汰风险。这种情况也使得 W 中职学校的人才培养很难达到预计的成效。

（三）核心素养的融入程度不高

W 中职学校当前的职业生涯规划体系中，将中职生的岗位技能和从业方向作为核心内容，同时也会在后续教学中强调并跟踪中职生的岗位技能掌握情况。这种方式虽然能够让中职生快速掌握岗位技能，但是也造成了中职生自身成长与发展的"偏科"，具体来讲，就是当前 W 中职学校过于重视中职生的岗位技能培养，并没有在职业生涯规划和自身实践教学体系中融入核心素养的培养。这种情况也使得中职生虽然通过相关教学活动掌握了各类职业技能，但是并没有形成终身学习的能力，同时在面临各类困难的时候也不会有勇往直前的优良品质。由于核心素养培养的缺失使得中职生很难从容面对整个行业环境所发生的变化，同时也无法在平时就业的过程中自主学习各类新知识。这些情况都造成了 W 中职学校学生很难顺利就业，同时在后续就业过程中也很难拥有较好优势，在工作一段时间以后也会产生离职和转行的想法。

（四）核心素养与职业生涯规划的联动性存在不足

结合当前 W 中职学校在核心素养培养和职业生涯规划方面的实际情况来看，目前学校虽然在核心素养培养和职业生涯规划方面取得了一定的效果，但是关于两者的联动教育还存在非常显著的不足。这主要是因为目前该校对于职业生涯规划的认知程度存在不足，同时也没有真正凸显职业生涯规划的战略价值。而在核心素养培养方面，W 中职学校仅仅在部分课堂教学中适当进行了核心素养教学的融入，比如专业实践课程等。这种情况也使得核心素养与职业生涯规划之间很难有较高的联动性，必须在后续时间里充分引起重视。事实上，核心素养与职业生涯规划之间存在非常多的相似点，同时在很多模块上也具有较好的关联性。但目前该校还没有透过这些关联点来实现核心素养与职业生涯规划之间的联动，最终也导致中职生在学校环境中很难形成较好的综合素养水平，影响了中职学校人才培养的整体成效。

三、W 中职学校学生职业生涯规划问题的归因分析

当前 W 中职学校学生职业生涯规划之所以存在较多的问题与不足，跟我国关于职业生涯规划教育的历史进程有较大的关联。在以前的中职教育体系中，很多中职学校只是针对中职生展开专业相关的课程理论知识和实践技能教学，并没有真正贯彻职业生涯规划的内容。直到 21 世纪以后，中职学校才开始陆续开展职业生涯规划的相关教育内容。这种情况也使得我国部分中职学校在职业生涯规划教育方面的整体进程比较慢，并且在具体教育模块中的铺展现状也不容乐观。这种情况都使得 W 中职学校无法全方位贯彻职业生涯规划教育体系，因此也就很难引导中职生养成较为显著的职业素养。

本研究拟从学校教育、中职生个体和社会支持三个层面分析 W 中职学校学生在职业生涯教育存在的突出矛盾，以寻找这些问题的解决方案。

（一）学校教育层面问题

1. 学校对职业生涯规划教育的重视程度不够

美国、英国、日本等教育发达国家极其重视学校职业生涯规划教育，这些国家将开展职业生涯规划教育视为衡量学校办学质量优劣的重要标准，将职业生涯规划教育的意义上升为影响学生个体职业终身发展以及关系社会和谐稳定的重要位置，从思想上高度重视此项教育活动的科学设计与实施，对于职业教育这种与社会经济发展有着天然的、直接的和内在联系的教育类型来说，开展职业生涯规划教育显得尤为重要。

通过本次调研活动发现，W 中职学校对自身性质和价值定位也致使该校学生无法形成完善全面的职业素养。当前我国中职教育体系虽然归入了职业教育，但是自身所处的地位也非常尴尬，特别是我国高职院校都开始充分贯彻素质教育，并推动应用型与技能型人才培养模式以后，中职教育体系的尴尬地位也变得更加显著。当前我国有相当一部分中职学校为了解决这种战略布局所带来的各个方面影响，开始跟高职院校进行合作人才培养。即中职学校毕业的学生并不会直接参加工作，而需要继续在高职院校中进行数年的学习以后，以高职院校毕业生的身份参与到就业过程中。这种趋势也使得中职学校开始不重视职业生涯规划教育的教学，在自身后续发展中侧重于中职与高职教育衔接方面的研究。在这种情况下，W 中职学校对于学生职业生涯规划教育的认知程度也出现了显著的下滑趋势，不利于中职生养成良好的职业核心素养。

同时，当前 W 中职学校还未完全认识到职业生涯教育的教育价值与社会价值，在观念上仍将职业生涯规划教育等同于传统的职业指导，甚至仅仅将其视为德育系列课的其中一门课程，只要完成国家规定的职业道德与职业指导相关课程教学，即完成职业生涯规划教育的任务。这种短视化的现象造成职业生涯规划教育在该校所设课程中处于"弱势"地位。W 中职学校对职业生涯规划教育的认识不清与重视程度不足造成了职业生涯规划教育的简单化，使其缺少有力的组织保障与制度保障。该校的职业指导办公室主要担负的职能只是向中职生提供劳动力市场招聘信息、组织中职生参加面试及安置中职生就业，没有从根本上站在中职生职业生涯发展的角度指导中职生做好职业生涯规划、帮助中职生做好工作角色转换及就业准备。在学校管理层也缺乏对职业生涯教育的统一管理，导致职业生涯教育工作难以科学、高效地开展。

2. 核心素养战略没有得到全面贯彻

当前，在 W 中职学校的人才培养过程中，核心素养战略并没有得到全方位的贯彻实施。这主要是因为学校的部分中高层领导者对于核心素养的理解不到位，同时也没有将核心素养培养纳入到学校战略发展体系中。很多领导者认为学校在当前的发展中只需要贯彻关于校企合作等各方面的战略，提高实践课程教学比重，让中职生在学校中能够真正学习到各类岗位技能即可。这种思想认识如果放在十年前或者五年前，都比较符合学校的发展。但是在当下的社会行业背景下，各类新技术不断涌现并得到广泛使用，使得整个行业对于人才素质的要求也不断提高。由于行业技术更迭速度较快，因此现代化高素质人才不仅要熟练地掌握现代技术与技能，同时还要具备较强的自主学习能力和适应能力，可以在各类新技术贯彻使用的时候快速掌握这些技术。不仅如此，在当前行业环境中，整个市场环境变得更加复杂，岗位人员也需要具备较好的耐心，同时还要拥有较强的应变能力，以应对岗位工作中发生的各类突发问题，比如医患纠纷等。这些都属于核心素养培养的相关内容，是需要新时代背景下的新型人才能够充分掌握并具备的特质。但就当前 W 中职学校人才培养的实际情况来看，这些核心素养培养并没有上升到该校人才培养的战略层面上，也就没有贯彻到职业生涯规划和后续实践教学体系中。这也使得学校的职业生涯规划很难取得较好的成效，必须在后续发展中进行相应的改善。

3. 学校对于核心素养和职业生涯规划的联动认识不够

当前，在 W 中职学校的教学过程中，学校部分中高层领导者对于核心素养和职业生涯规划的联动认识存在不足。这种情况主要是因为当前学校在开展各项教育活动的时候，过于重视学生的各项职业技能教育，而对于学生其他素养的培养并没有投入太多的精力，特别是在平时，W 中职学校还应该提供一些校园实践活动，并能够依托于这类活动来补充学校实践创新模块的不足。但就当前该所学校在这方面的实际情况来看，对于学生实践创新能力等方面的培育还存在较为显著的不足。除此之外，W 中职学校在进行核心素养培养和职业生涯规划的时候，并没有真正将两者结合在一起进行探讨，其中最为关键的表现就是当前学校开展职业生涯规划的时候一般都由专门的教师进行，而核心素养培养教学则是由教师在学科教学中进行相应的融入。在这种情况下，W 中职学校的核心素养培养和职业生涯规划体系就很难进行较好的联动，不同教师之间通常也没有过多的交流，最终使得两者在 W 中职学校的教学体系中表现得非常独立。在后续的发展过程中，该所学校一定要充分认识到这些层面的问题，不断强化核心素养和职业生涯规划之间的联动性，最终才能够在核心素养背景下提高学生职业生涯规划的整体水平。

4. 职业生涯规划教育缺乏系统性与整体性规划设计

由联合国教科文组织第十八届大会公布的《关于职业技术教育的建议》文件中提及："学习和职业的方向指导，应看成是一个连续过程和教育的一个重要组成部分，其目的是帮助每一个人在教育上和职业上做出正确的选择，进而获得综合发展。"然而经实地调查发现，W 中职学校开展职业生涯规划教育的时间相当分散，一般集中在二、三年级在医院或企业实习期间与毕业前夕，缺乏科学的理论指导职业生涯规划教育活动，更缺少对职业生涯规划教育内容进行整体性与系统性的规划设计。

其根本原因是该校对职业生涯教育的规划观念存在误区，即学校单方认为，只有毕业生才有必要接受就业指导，针对其他年级的职业生涯教育只会消耗学校的人力、物力，对学生就业发挥不了实质性的作用。这种观念上的错误导致学校不会对学生职业规划和职业发展进行全程系统性指导，学生难以为将来顺利走上工作岗位做好相关知识储备、态度培养和技能准备，在毕业求职时处处碰壁，即使找到一份工作也并不称心，造成毕业生毕业即失业、就业即跳槽的严重问题。这也使用人单位对中职学校的人才培养质量满意度大大降低。

5. 职业生涯规划教育实施途径与教学方式单一

当前 W 中职学校的学生在职业规划教育方面存在诸多问题，这跟我国传统教育模式也存在较大的关系。我国传统教育模式中，着重对于学生进行学科知识能力的考察，轻视了学生综合素质与能力的考察。虽然在当前的教育发展过程中，我国在各个教育阶段都在强调素质教育与核心素养培养，但是针对学生考核模式的改革还不到位。这种情况也使得中职生在成长过程中仍然会受到传统教育模式的影响，重视学科课程理论知识的学习，自身的动手能力和其他职业必备素养教育教学存在不足。对于那些学习非常认真并且取得较好学习效果的学生来说，是掌握了专业领域的理论知识内容，但是学习到跟职业岗位相关的技能内容较少。虽然很多中职学校在教学过程中都开展了实训教学课程，但学校在实训教育方面还没有形成切实可行的教育模式，很难真正引导中职生具备职业核心素养，不利于学生的各方面提升。

事实上，中职生面临就业与升学的人生多重选择，初涉社会的毕业生往往表现出不同程度的心理矛盾与不适，他们需要从入学之初就将自我心理调适与职业生涯规划结合起来的咨询辅导而非简单的就业指导。职业生涯规划教育正是基于中职生个性化综合职业能力发展需求而施行的教育活动。但从实施现状来看，职业生涯规划教育的教育形式和教育效果与学生预期值之间的落差非常明显。在调查中发现，W 中职学校的学生对学校职业生涯规划教育的满意度普遍呈较低水平。

造成这种结果的原因在于该校开展职业生涯规划教育的途径单一、形式呆板。其教育方式还停留在"你讲我听"的传统课堂授课，或不定期举办专场讲座，邀请一些高校专家或企业成功人士来传授职业成功经验与面试技巧。这种教育形式的缺陷一方面在于讲授内容与学生实际职业发展需求脱节，授课目标不具备针对性与实效性，无法从思想上、行动上真正对学生的职业观、人生观和发展观产生积极影响；另一方面，授课内容也不具备系统性与连贯性，学生听完讲座之后只是暂时"激情澎湃"一阵，之后由于缺乏其他教育形式的跟进，授课者与学生的"思想碰撞"也只是"昙花一现"，其励志效果随着讲座的结束而"烟消云散"。

6. 职业生涯规划教育课程设置形式化与内容宽泛化

中职生职业生涯教育课程是一系列由职业生涯教育理论与实践操作共同构成的集科学性与实用性为一体的课程体系。职业生涯教育课程设置不仅应该包括职业道德与职业生涯规划相关理论，更应该涉及体现职业教育特点与中职生心理发展特征的关于择业与就业的实践内容。从目前职业生涯规划的课程设置来看，国家规定的两门课程："职业道德与法律"及"职业生涯规划"从教材内容到教学实施均偏向于理论化，在课程设计上缺少就业市场调查、职业兴趣测试、职业礼仪培训、面试技巧训练等实践内容，学生所了解的理论知识不足以帮助他们应对纷繁复杂的就业形势与就业问题。

此外，目前缺乏针对中职生职业生涯规划的校本课程开发，W 中职学校课程内容较为陈旧与宽泛，没有充分体现时代特征，没有反映出区域经济发展对人才资源质量的要求，导致课程内容与时代发展脱节、社会实际脱节。中职生职业生涯规划教育课程应该贯穿学生接受职业教育的全过程，对学生个体发展具有极强的针对性，通过多层次、多方面的校本课程设置关注学生全面发展与终身发展。唯有这样，课程开发才能拥有"源头活水"，不断创新与发展，建立充分体现时代性、人本性、科学性与实际性的现代职业生涯规划教育课程体系。

7.职业生涯规划教育师资队伍力量薄弱

职业生涯规划教育是一门专门性的系统化学科，需要专门人员掌握其理论精髓与实践技巧，职业生涯规划教育师资队伍建设力度直接关系到该教育的教学质量与成效。

在调查中发现，W中职学校还没有形成一支专业的职业生涯规划教育团队，其授课任务多由学校德育处、就业指导处干部以及班主任、德育课教师、公共基础课教师和部分专业课教师承担。这些教师缺乏对职业生涯规划教育的知识和技能的系统学习，仅凭借自己的教育学根基和职场经验对学生开展相关教育，教育的随意性较大。学校方面也缺乏对职业生涯规划教育教师队伍培训的重视，造成教师教学能力参差不齐。此外，学校忽视与行业企业的合作，没有充分整合社会上能够胜任职业生涯规划教育教学的优质人力资源，无法形成由校内校外人员共同组成的多元化、专业化的师资队伍。

（二）中职生个体层面问题

1.中职生自我认知与职业观存在偏颇

中职生大多处于15～17岁青春期后期阶段。在中职学校学习期间，其身心也发生着急剧变化，尤其是心理发展正处于从幼稚走向成熟的过渡阶段，自我意识开始觉醒，自主意识和独立意识都有所增强。这一时期的中职生在自我认知方面表现出强烈的矛盾性：一方面对自己的能力抱有相当的自信，认为自己已经成长为一个成年人，可以顺利地自主地解决生活与学习难题；另一方面又普遍存在抗挫折能力较差的现象，当遭遇现实困难与打击的时候，容易沮丧和自卑。

调查显示，中职生群体的择业观呈现两极分化的现象。一部分学生属于择业理想主义者。在这部分中职生的思想观念中，择业是件简单的事情，只要该职业收入高福利好，并且从事该工作轻松有趣，不需要消耗太多体力和脑力，那么该职业就是理想职业，也是毕业时的择业目标。他们较少考虑社会的实际情况与严峻的就业形势，对职业发展缺乏全面、客观和理性的认识。与之相反，另一部分学生在择业方面存在严重的自卑感。他们受社会上崇尚高学历的风气所影响，认为职业教育属于"二等教育"，没有正确认识职业教育对个人发展的功能和意义，对接受中职教育存在抵触情绪，对自己的专业学习不上心，对自己的职业生涯规划毫无头绪，对自己的未来发展极度悲观。无论上述哪种类型的择业观都会对中职生个体发展产生严重的负面影响，也会降低中职生参与职业生涯规划教育的积极性与主动性。因此，在开展职业生涯规划教育活动中应密切关注中职生的心理状态，对错误思想及时纠正，引导中职生形成正确的人生观和择业观。

2. 中职生对职业生涯规划教育意义的认识程度不足

当今社会，信息技术与人工智能推动着工业经济快速发展，知识与产品的更新换代日新月异，职业流动性也不断加速，这对毕业生职业选择产生了深刻的影响。

大数据时代要求中职生应该具备全面的综合能力和系统的知识结构，在科学理念的指引下树立多样化的择业观念。在这样的时代背景下，职业生涯规划教育的地位越来越重要，尽早地引导中职生树立终身发展的学习理念，及早开展职业生涯规划，使自己具备扎实的职业素质与职业能力，以应对未来职业的挑战。

然而大部分中职生在学习态度方面具有功利性与短视性倾向。他们认为只有专业课学习与技能训练才能帮助自己顺利择业，而对于职业生涯规划教育等通识课程学习积极性不高，只是把接受该教育作为获得学分的一项机械性任务，并没有充分认识到职业生涯规划教育的意义。

为了改变这种现象，中职学校需要在中职生入学初就加强职业生涯教育目标及意义的教育，让中职生正确、充分地认识开展职业生涯规划教育的积极意义。此外，学校也需要和家长、社会积极配合，极力扭转大众对职业教育只是技能训练的"刻板印象"，使整个社会认识到职业教育的价值，人的全面发展离不开职业教育，有力地推进了中职生接受职业生涯规划教育的工作。

（三）社会层面问题

1. 行业企业参与职业生涯规划教育的意识淡薄

实际校企合作也可称作组织间关系，是将职业教育与产业，职业学校与企业相互融合，换言之，校企合作是跨越某个系统或某一界限而产生的合作关系。但是校企合作最大的问题在于企业参与职业教育的主动意识不强，参与度不够深入。《国务院关于职业教育改革与发展情况的报告》中指出，针对职业教育目前的发展现状，有必要逐步完善职业教育管理体系，充分发挥行业、企业与学校之间的作用，并优化职业教育的资源，调动其积极性。这些问题说明校企合作问题已严重地阻碍了职业教育事业的健康发展。

职业生涯规划教育作为职业教育的不可或缺的重要内容，需要全社会尤其是行业积极参与、通力协作，共同办好。从利益相关者理论来看，职业生涯教育是为校企双方均能带来教育效益和经济效益的教育活动。企业想要获得高素质的人才，必须参与职业学校的人才培养工作。而目前国内企业大多数还处于初级发展阶段，对人才培养缺乏长远目光，部分企业认为参与职业教育教学会浪费企业人力、物力和财力，造成其参与动力不足。要从根本上解决这种问题，需要政府从政策、法律、财政、税收等方面给予参与职业教育的企业优惠政策，从体制机制层面加强对校企合作的支持，为校企合作搭建稳定的发展平台，提高企业深度参与人才培养的积极性与主动性

2. 职业生涯规划教育缺乏科研机构支持

职业生涯教育既是一项教育实践活动，也是教育理论体系建构的研究活动。职业生涯教育离不开专门机构与专门人员的理论研究，如果缺乏理论支持，职业生涯教育就会"凭着感觉走""摸着石头过河"，容易被经验主义误导而陷于各种教育困境。纵观世界上职业生涯教育得以蓬勃开展的美国、英国、日本等发达国家，从国家、地方到学校层面均建有不同规模的职业指导与职业生涯教育专门性研究机构，针对职业生涯教育课程设置、职业生涯发展测评工具等领域开展了卓有成效的研究，以先进理论推动职业生涯教育实践的发展。而目前我国部分地区教育研究机构以及高校科研院校对参与职业生涯教育理论研究的重视程度不够，缺乏专门从事职业生涯教育研究的专门组织与专业团队。理论研究的缺乏削弱了职业生涯教育实践的科学性、理论性与系统性，在很大程度上制约了我国职业生涯教育的科学发展。

3. 职业生涯规划教育的保障体系不健全

W 中职学校的职业生涯规划教育之所以无法全方位地铺展开来，主要也是因为当前这项教育模块并没有完善的保障机制作为支撑。对于 W 中职学校来说，开展职业生涯规划教育模式虽然能够显著提高中职生的职业能力，同时也可以提升学校的人才培养效果，但不开展职业生涯规划教育模式，学校也不会出现太大的损失，相反还能够节省较多的成本。再加上职业生涯规划教育模式的开展在短时间内可能不会出现较好的成效，使得 W 中职学校在这方面保持了较为显著的被动态势，最终造成了职业生涯规划教育很难得到完备的保障机制。在这种情况下，职业生涯规划教育就很难真正得到全方位铺展，最终也就无法发挥其价值和成效。

纵观国内职业教育领域，W 中职学校此类职业规划教育"怪象"的中职学校比比皆是。归根结底是我国职业生涯教育缺乏由相关法律、政策、资金投入及有效管理构成的教育保障体系，这成为当前职业生涯规划教育发展面临的主要问题之一。我国关于实施职业生涯规划教育的法律法规尚未健全，造成部分中职学校对待职业生涯规划教育工作漫不经心、流于形式。同时，地方政府也未针对职业生涯规划教育给予专门性财政支持，而专项资金缺乏更加影响了此项教育活动的积极推广。

反观英美等发达国家，不仅在法律层面保障了各学校开展职业生涯规划教育的必要性与积极性，而且实行职业生涯教育管理的分权管理运作体系。以美国为例，其联邦政府设有专门职业指导处与人事服务司，负责协调各州、各职能部门之间的职业生涯管理与辅导工作；州层面设有指导和人事服务处，负责本州学校的职业生涯教育管理；各学校亦设立了就业规划中心与服务部门，负责科学安排学生职业生涯规划课程及社会实践事宜等。各层级机构相互密切合作，共同保障职业生涯教育体系的顺利运行。此外，充足的经费投入也是美国职业生涯教育得以可持续发展的重要措施之一。我国应借鉴国外经验，从法律完善、财政投入、管理机制创新等各方面加强对职业生涯教育规模与质量的保障，促进职业生涯教育科学健康发展。

第二节　核心素养视角下开展职业生涯规划教育的对策

一、以核心素养促进职业生涯规划

（一）提高中职生核心素养思想的教学构想

中职生核心素养的基本内容主要分为文化基础、自主发展和社会参与。而在中职学校的后续教学过程中，也应该立足于这三个方面开展中职生的核心素养教学，并在当前教育体系中构建相应的教学模型。我国中职学校应该透过上述三个方面来逐步丰富中职生核心素养的相关教学元素。在文化基础方面，中职学校应该减少直接教授给中职生理论知识，而应该让中职生学会正确获取自身所需要的知识，同时还要在积极吸取我国传统文化的精粹内容，能够形成较好的人文情怀；在自主发展方面，中职学校在教育教学的过程中，还应该引导中职生积极进行个人能力分析，同时还要做好个人发展的定位，保证中职生能够真正认清自己，同时还可以在学习过程中形成自我管理的重要特质；而在社会参与方面，中职学校在平时教育教学过程中，还应该在校内环境中开展一些团队性或者竞赛性的活动，让中职生在参与这些活动的过程中学会如何进行的团队协作。在这个过程中，中职学校最好能够开展一些社会实践类型的活动，让中职生能够主动承担一些社会责任，并通过这些社会活动来提高中职生对于自身专业知识的认识与掌握。这样以后，中职学校就能够形成中职生核心素养思想的整体教学框架，同时在后续教学过程中也可以潜移默化的提高中职生的核心素养水平。除此之外，中职学校的中高层领导者也应该在后续发展中充分认识到核心素养培养的重要性，并能够将其纳入到人才培养战略体系中去。在有高层管理者自身决策支撑的情况下，核心素养就能够充分应用到职业生涯规划体系中去。

（二）职业生涯规划教育中体现核心素养的理念

对于中职学校来说，也应该在职业生涯规划教育中充分贯彻核心素养的相关理念。当前很多中职生之所以很难形成较为完善正向的职业素质，最主要的原因是核心素养的缺乏。在这种情况下，中职学校就可以考虑透过核心素养来提高中职生的职业能力。在具体教育过程中，中职学校应该逐步明确核心素养的中心内容，提取中职生所适合的核心素养精粹内容。对于中职生来说，核心素养理念所包括的内容非常广泛，比如思想意识、综合价值观、学习水平、信息素养、文化道德、思维灵活等。而在职业生涯规划教育中，应该着重融入学习水平、综合价值观、文化道德等内容，使得核心素养逐步成为中职生职业生涯规划教育中的核心思想导向内容，给具体教育模式的铺展提供必要的思想支撑。

（三）核心素养教育与职业生涯规划结合的内容和形式

中职学校在后续的教育教学过程中，也应该积极寻找核心素养教育与职业生涯规划相结合的教学内容与形式。结合中职学校教育体系来看，中职学校可以考虑在后续开展职业核心素养的相关教育，能够根据不同专业中职生在未来就业过程中所面对的职业环境，提取中职生应该具备的职业核心素养内容。通过这种方式，中职生就能够在后续教育教学的过程中形成较为完善的职业核心素养，同时也可以明确中职生各项职业素养指标内容，充分展现中职生在学校学习过程中应该具备的职业品质与特质。这样以后，中职学校就能够将核心素养教育跟职业生涯规划结合在一起，同时也可以显著提高后续教育教学的针对性。而在教育形式上，中职学校也不应该过于依赖课堂教育模式，而应该积极开展一些课下活动，让中职生在互动交流过程中逐步形成职业特质，同时也兼顾养成团队协作等各项优良能力，提高职业核心素养教育的最终成效。

（四）核心素养下的职业生涯规划调整与创新

在核心素养的战略理念下，W 中职学校的职业生涯规划发展也应该进行相应的创新与调整。W 中职学校可以结合核心素养来构建职业生涯规划模型。在这个过程中，W 中职学校应该先通过职业生涯规划体系里明确不同专业学生以后的就业岗位。接着学校就可以考虑引入岗位胜任力模型，让中职生明确自身素质水平跟岗位胜任要求之间的差距，而在划分岗位胜任力模型的分项指标体系的时候，也应该全面融入核心素养的相关内容，综合展示中职生应该具备的职业品质与能力，以及中职生在岗位技能训练中所应该融入的各类核心素养能力。除此之外，由于当前我国各类行业技术发展水平比较快，因此中职生需要掌握的现代技术也会发生较快的更迭，进而影响了职业生涯规划模型中的各个指标内容。W 中职学校职业生涯规划也应该实现较好的创新发展，并能够构建动态化的职业生涯规划体系。这样以后，W 中职学校的人才培养就能够根据实际情况进行相应的调整，使得核心素养能够更好的融入职业生涯规划体系中，同时也可以较好的避免最终培养出来的人才被行业环境所淘汰。

二、职业生涯规划推进核心素养教育

（一）通过职业生涯规划实践先进正确的德育理念

中职生的职业生涯规划活动并不仅是一个单一的教育内容，跟很多教育活动都有着较为显著的关联。对于中职学校来说，为了强化职业生涯规划教育的最终效果，也可以考虑通过职业生涯规划来推动核心素养教育的进行，同时兼顾通过这个教育活动来贯彻先进正向的德育内容。事实上，中职生的德育水平跟他们的职业态度有着非常显著的关联。如果中职生能够具有较好的德育素质，那么他们也会对自身的职业岗位保持最基本的敬畏心，同时也具有较高的敬业态度，反之亦然。因此中职学校在贯彻职业生涯规划教育的时候，也应该融入德育教育的相关内容。在具体教学内容展开的时候，中职学校不仅要在课堂教育环境中多引入一些德育内容的职场案例，同时还要积极开展一些德育职场相关的体验性活动，能够真正让中职生充分认可德育教育的内容，最终也就可以显著提高中职生的职业能力。

（二）以职业生涯规划为载体，完善中职学校核心素养教育

中职学校在贯彻中职生职业生涯规划教育的过程中，也应该兼顾融入中职生核心素养教学的内容。这也需要中职学校先针对不同专业的中职生制订相对完善的职业生涯规划教学内容。在这个过程中，中职学校应该针对中职生展开充分全面的调研，掌握中职生的详细信息，主要包括兴趣爱好、学习程度、职业倾向、道德水平等。由于职业生涯规划教育本身就是一个差异化的教学过程，需要针对不同类型的中职生展开差异化的教学。因此在后续进行中职生核心素养教育的时候，也应该秉承差异化教学的相关理念，基于中职生职业生涯规划的具体内容来完善他在核心素养方面的不足与欠缺，最终也就能够较好地提高中职生的核心素养水平。

（三）充实并改进核心素养教育，推动中职生职业生涯规划工作

就当前中职学校的实际教育现状来看，部分中职学校在核心素养教育和职业生涯规划教学体系方面都还存在不足。因此在后续的教育教学过程中，中职学校应该充分认识到自身在这些方面的不足，改进核心素养教育，并依托于此来逐步推动中职生职业生涯规划工作的全方位铺展。事实上，中职学校的职业生涯规划教育并不仅是帮助中职生找到自身合适的就业方向，更重要的是要让中职生学会如何正确定位自身能力和地位，并在复杂的社会环境中真正找到自己合适的工作。在这种情况下，就可以将中职生的职业规划能力和择业能力当成核心素养的重要分支模块，并强化这方面的教育，最终达到提高中职生职业能力的目的。

三、围绕核心素养开展职业生涯规划的路径

（一）在核心素养教育中渗透职业生涯规划的观念

当前，在我国中职学校中，毕业生直接面临着就业。因此在针对中职生进行核心素养教学的时候，也应该充分贯彻职业生涯规划的观念。比如在进行中职生思想品德教学的时候，可以多引入一些关于创业与就业的真实案例，同时也可以考虑直接借用知名企业家马云、雷军的创业过程，让中职生在核心素养教育过程中逐步具备我国优秀企业家的特质属性。而在进行团队协作、挫折教育等各类教学内容的时候，则可以直接引入职场情景，针对性提高中职生的职业素养能力。除此之外，在中职生核心素养教育的很多内容中，都可以全方位融入职业生涯规划的相关模块，最终也就可以切实提高中职生职业核心素养水平。

（二）在核心素养教育中推进职业指导工作

在中职生的核心素养教育过程中，中职学校也应该积极贯彻职业指导工作。前文已经提出，当前中职生对于自身就业方向和就业观念都较为迷茫，多数中职生也对自身的就业岗位产生了较多怀疑情绪，如果不能切实解决中职生在这方面的问题，那么就很难保证他们在后续的就业过程中具备良好的职业观。而在中职生的核心素养教学过程中，教师也可以穿插进行职业指导工作。这也需要教师能够在中职生核心素养教学过程中，不断搜集中职生的基本信息和核心素养教育的总体情况。这样以后，教师后续展开针对性和差异性的职业指导工作就有了充足的资料支撑，能够提高中职生的职业能力。

（三）在德育教学中凸显职业生涯规划的指导作用

中职学校还应该在德育教学过程中充分凸显职业生涯规划的指导作用。在具体教学过程中，教师一定要注意不能过多地引用理论知识教学内容，而应该突出实践环节，同时还要结合中职生的专业情况来贯彻职业技能相关的教学内容。在实际教学的时候，教师应该多引入一些德育教学案例，调动中职生在学习过程中的主动性，能够将德育教育和中职生职业生涯规划教学内容联动在一起。此外，教师还应该注意灵活使用个案辅导的教学模式，基于中职生的实际特点和职业需求，给中职生提供专项的德育教学和职业生涯规划辅导。在德育素养方面，教师应该引导中职生树立正确的职业理想和职业观，同时具备较高的知识素养水平，并主动获取各类跟自己相关的职业信息，在整个就业过程中把握好主动性。

四、实现核心素养培养与职业生涯规划的联动融合

（一）提高核心素养和职业生涯规划教师的交流沟通

通过前文的调研分析发现，当前 W 中职学校在核心素养和职业生涯规划方面是由不同教师担任，这也是两者在教育层面上的特征而导致的。即核心素养的相关培育不需要由专门教师培养，最好能够融入其他教学模块中进行潜移默化的教育。而职业生涯规划则是一项独立的课程，通过这项教育来明确中职生未来成长与发展的方向。在这种情况下，W 中职学校在以后的教育教学过程中，就可以考虑加强职业生涯规划教师跟其他学科教师之间的交流与互动，同时还要立足于中职生职业生涯规划的具体内容和相关素质要求，提前在学科课程教学中进行培养，提高核心素养跟职业生涯规划体系的联动。在这个过程中，W 中职学校最好能够开展一些基于教师群体的教研会或者其他集中研讨活动，就中职生核心

素养培养和未来成长发展等方面进行讨论，最终可以使得各个学科教师在进行教学的时候，不仅着力于自身课程的教学，同时还要多开展一些实践性活动来提高中职生的综合素养水平，使得职业生涯规划的相关内容能够提前展示在中职生面前，最终也就可以较好的完成职业生涯规划的整体目标。

（二）开展融合核心素养的职业生涯规划活动

在 W 中职学校的教学环境中，教师可以考虑在平时立足于中职生核心素养培养的相关内容，积极开展职业生涯规划的整体活动。在这个过程中，教师应该根据自身的专业课程教学内容，开展一些针对性的实践活动。在这些实践活动中，最好能够凸显核心素养的相关培育要求。结合目前我国关于中职生核心素养要求的实际情况来看，实践活动主要应该沿着人文底蕴、科学精神、学会学习、健康生活、责任担当、实践创新等维度进行。而适合 W 中职学校学生实践活动的维度主要有科学精神、责任担当和实践创新等。在职业生涯规划融入的时候，则可以考虑开展一些模拟职场、畅谈未来、工作难题创新解决方案等活动。通过这些专项活动的开展，中职生就可以在这些活动中逐步具备核心素养的相关品质，同时也可以提前感知未来的职场岗位环境，对于自身的个人成长方向有较好的认识。不仅如此，通过此类活动的教育培养，中职生也可以对比自己当前成长现状，找出跟未来职业发展规划方向存在的不足，最终也就能够在以后的学习和实习等过程中，不断调整自身的成长方向，及时认识并完善自身的不足之处，真正成为新时代背景下的高素质青年。

五、中职学校核心素养教育与职业生涯规划相融合的保障机制

（一）全面改善师资力量，强化师资保障

为了充分保证中职生核心素养教育和职业生涯规划教育的融合开展，中职学校也应该积极进行师资队伍的调整与优化。这主要是将两者融合以后，对于学校教师的整体水平也有了新的要求。而对于职业生涯规划教师来说，在后续的发展中也应该积极学习关于中职生核心素养教育的内容，同时还要结合中职生的特点来进行相应的教育变更。更重要的是，职业规划教师必须掌握如何针对不同中职生制定最合适的职业方向，并引导中职生学会正确定位自身能力。这也需要职业规划教师在平时不断丰富自己的知识储备，同时还要灵活使用各类教学方法，积极了解外部行业环境中的动态信息，帮助中职生实现自身综合素质的提升。

（二）制定配套政策法规，建立制度保障

当前我国各类中职学校正在进行教育变革，同时也在贯彻关于素质教育和职业教学的战略目标。在这种大背景下，我国各个地方教育部门也应该充分认识到职业生涯规划教育对于中职教育体系发展的重要的促进作用。在后续的教育管理中，地方教育部门应该要求中职学校必须开展完善的职业生涯规划教育课程，从课程开展时间与频率等方面做出强硬规定，最好还能够结合地方特色来形成适合中职学校的职业生涯规划参考方向。这样以后，中职学校面对职业生涯规划教育就会表现出较强的积极性，切实提高其教育教学成效。

（三）加大政策资金支持，落实经费保障

对于中职学校来说，职业生涯规划教育也不能仅仅停留在理论体系中，还要在中职生身上得到真正的贯彻。而想要达到这个目的，也需要一大笔资金作为支撑。而中职学校如若只依靠自身往往很难筹集到这部分资金，也就出现了教育经费无法得到保障的问题。在这种情况下，一方面中职学校要加大政策资金的申请力度，争取获得必要的资金支持；另一方面中职学校也要加强跟社会企业之间的交流合作与互动，期望能够引入社会资金和企业资金到这部分教学项目中，落实资金保障的相关内容。

（四）促进核心素养教育与职业生涯规划的协调

当前，在我国中职学校中，职业生涯规划体系已经得到了全面的贯彻，但是核心素养教育的开展情况还有所不足。在这种情况下，中职学校更应该充分重视核心素养教育的相关内容，同时还要做好核心素养与职业生涯规划的和谐统一。在核心素养教育开展的时候，应该在整个教学体系中穿插进行，同时还要开展一些挫折教育等专项教育活动。而在职业生涯规划体系中，核心素养教育模块也应该发挥其高融入性的特点，结合不同学生的岗位情况提供专项的核心素养教育。比如护理岗位方向的学生需要更高的从业品德和道德素质，同时还要养成耐心、抗疲劳等各类品质，需要在职业生涯规划中进行专项的提升。

第七章 中职生职业素养中创业能力构成及培养研究

职业教育作为我国教育体系的重要组成部分，也承担着培养高素质劳动者的重任。随着社会的发展和经济结构的不断转型，创业成为部分中职毕业生就业的一个新选择。然而，创业教育在我国起步较晚，经过二十多年的发展，虽然已经取得了一些成绩，但主要聚焦于高校创业教育，中职创业教育仍处在探索阶段。因此，如何加强对中职生创业能力的培养以适应中职学生创业的现实需求是一个值得关注的问题。

第一节 中职生创业能力结构分析

一、中职生创业能力构成的要素分析

探究中职生创业能力的构成对中职生创业能力培养的研究具有重要意义，中职生创业能力不是单一的，而是多个层次、多种具体能力的集合，是一个能力群。英国、美国、澳大利亚等多个国家已经形成了较为完善的国家框架，从国家层面确定了创业能力的结构。国内外学者对创业能力的内涵与结构进行了较为广泛的研究。如国外学者通过访谈香港地区的中小企业创业者，提出创业者能力特征六维结构模型，包括机会胜任力、关系胜任力、概念胜任力、组织胜任力、战略胜任力和承诺胜任力。我国许多学者也对创业能力的构成进行了研究，且很多学者都对这一问题进行了实证研究，也已经出现了一些比较好的成果。如唐靖、姜彦福经实证检验提出创业能力由二阶六维度构成，其中一阶维度分为机会能力和运营管理能力，二阶维度由机会识别能力、机会开发能力、组织管理能力、战略能

力、关系能力以及承诺能力构成。王占仁和林丹从培养大学生创业素质角度出发，指出大学生创业能力可分为把握机会能力、终身学习能力、领导管理能力、社会合作能力、心理调控能力和创新思维能力。杨晓慧教授的课题组采用自编的《大学生创业能力自评量表》对北京、上海、广东、四川等 11 个省市 18 所高校的2300 名学生进行了问卷测试，研究得出大学生创业能力总体处于中等偏上水平，创业的基本能力和核心能力有待提高，且大学生创业能力水平存在明显的类型差异和群体差异。

中职生和大学生虽各有特点，但在创业能力的表现上并不会有太大差异。本书通过对已有研究的梳理，提取出创业能力构成要素，并结合中职生特点提出中职生创业能力构成的设想，在此基础上进行中职生创业能力调查问卷的设计。

（一）基于期刊文献分析的创业能力构成要素

以"创业能力概念""创业能力结构""创业能力建构""创业能力内涵""创业能力培养"为主题词，限定来源期刊为核心期刊、CSSCI（中文社会科学引文检索），在 CKNI（中国知网）数据库中检索文献。通过对核心期刊文献进行研读和分析，挑选出被引频次较高具有参考价值和指导意义的 18 篇文献作为分析创业能力构成要素的基础文献。在已有研究成果中，每位学者经研究后都提出了自己对创业能力结构的理解，并对构成要素做了相应解释。因此，要在 NVivo11中对 18 篇文献中提及的创业能力要素进行编码，主要根据对各学者提出的创业能力要素的概念进行进一步分析，对同一类能力或定义相近的能力要素进行整理。由于不同学者对创业能力构成要素的理解和划分不尽相同，需要根据每位学者研究内容、研究结论进行分析，以尽可能保证编码的信度。表 7-1 以"识别捕捉机遇能力"这一要素为例，可以看出节点（创业能力要素）和参考点（文本片段）对应关系。

表 7-1　基于期刊文献分析的创业能力要素编码示例

节点名称	同义词、近义词	参考点	材料来源
识别捕捉机遇能力	识别机会、把握机会、洞察力、商机识别	对所学习的专业领域或所从事行业非常了解，能准确感知和识别环境中没有被满足的需要，善于从低价值潜力中区分出高价值潜力，一旦发现机会，能很好地把握住	杨道建：《大学生创业能力结构的理论分析与实证检验》
		大学生在日常生活中关注社会需求，与市场环境变化所产生的商业机会的能力	孔洁珺：《大学生创业能力结构与提升策略研究》
		通过各种方法识别、评估和捕捉市场机会的能力	王辉：《大学生创业能力的内涵与结构——案例与实证研究》

　　经反复仔细研读、分析归纳，将文献中定义相近但名称不同的创业能力要素进行汇总，最终获得 27 个创业能力要素，见表 7-2。

表 7-2　基于期刊文献分析的创业能力构成要素

序号	创业能力要素	频次	频率	序号	创业能力要素	频次	频率
1	捕捉机遇能力	15	83.33%	15	自信乐观	6	33.33%
2	人际交往能力	13	72.22%	16	财务管理能力	6	33.33%
3	分析决策能力	12	66.67%	17	创业知识竞赛	6	33.33%
4	抗压受挫能力	12	66.67%	18	识人用人能力	5	27.78%
5	创新迁移能力	11	61.11%	19	自我管理能力	5	27.78%
6	实践能力	10	55.56%	20	兴趣爱好	4	22.22%
7	资源整合能力	9	50.00%	21	风险控制能力	4	22.22%
8	学习能力	9	50.00%	22	信息处理能力	4	22.22%
9	团队合作能力	9	50.00%	23	独立进取	3	16.67%
10	经营规划能力	8	44.44%	24	人脉经验积累	3	16.67%

续表

序号	创业能力要素	频次	频率	序号	创业能力要素	频次	频率
11	组织管理能力	7	38.89%	25	诚实守信	2	11.11%
12	掌握专业技能	7	38.89%	26	踏实执着	2	11.11%
13	勇气胆识（冒险精神、竞争意识）	6	33.33%	27	良好身体素质	1	5.56%
14	责任担当	6	33.33%				

（二）基于中职生创业案例分析的创业能力构成要素

目前我国学者主要关注的仍是大学生的创业能力培养，关于创业能力构成的研究也往往以大学生为研究对象。为了了解中职生创业群体的特征，探究中职生创业成功所具备的能力要素，本书对中职生创业案例也进行了文本分析，从中提取中职生创业能力的构成要素。期望通过对比两部分创业能力构成要素的异同，整理得到中职生创业能力构成要素。本书所采用的案例是浙江省部分中职学校毕业生真实创业案例，由中职学校直接提供，正式调研也将在案例主要来源的学校展开。对中职生创业案例的分析，需要经过对案例本身进行反复研读，从创业者的自身经历及言语中提取相应的创业能力要素。

表 7-3 基于中职生创业案例分析的创业能力要素编码示例

节点名称	参考点	材料来源
创新能力	"今年我又引进了一批新的月季品种，这种花在海宁还没有人规模种植过"	创业案例 3
	为了让客户满意，他和厨师们千方百计动脑筋，推出新品种，变化面点的口味，满足不同客人的需求，宾馆营业额逐步攀升	创业案例 11
	生不服输的他，不愿再像父辈那样守株待兔坐等时机，经过这些年的学习与经验积累，他知道必须改变这样的经营理念，他要主动出击	创业案例 14

表 7-4　基于中职生创业案例分析的创业能力构成要素

序号	创业能力要素	频次	频率	序号	创业能力要素	频次	频率
1	实践能力	12	80.00%	16	踏实	6	40.00%
2	创新能力	11	73.33%	17	乐观自信	6	40.00%
3	勇气胆识	10	66.67%	18	经营能力	6	40.00%
4	学习能力	10	66.67%	19	资源整合能力	5	33.33%
5	吃苦耐劳	10	66.67%	20	思考能力	5	33.33%
6	抗压受挫能力	9	60.00%	21	人脉经验累积	5	33.33%
7	积极进取	9	60.00%	22	坚持（执着）	5	33.33%
8	管理能力	9	60.00%	23	规划能力	5	33.33%
9	发现、把握机遇能力	9	60.00%	24	诚信	5	33.33%
10	人际交往与沟通能力	7	46.67%	25	专注	4	26.67%
11	分析决策能力	7	46.67%	26	组织协调能力	3	20.00%
12	掌握专业知识	6	40.00%	27	理想目标	3	20.00%
13	掌握专业技能	6	40.00%	28	认识自我	2	13.33%
14	责任担当	6	40.00%	29	奉献精神	2	13.33%
15	团队合作能力	6	40.00%	30	兴趣爱好	1	6.67%

同样在 NVivo11 中对 15 名中职生创业案例进行编码，以"创新能力"这一要素为例，对于创业案例中足以体现创业者"创新意识""新思想""新方法"等特质的片段都在此节点编码，示例见表 7-3。通过分析汇总最终提取出 30 个影响创业者成功创业的能力要素，见表 7-4。

综合以上两方面的创业能力要素分析，整理合并涵义相近的词，被提及的创业能力要素共有 35 个，包括创新能力、抗压受挫能力、思考能力、机会把握能力、实践能力、分析决策能力、学习能力、团队合作能力、经营规划能力、资源整合能力、人际交往与沟通能力、组织管理能力、财务管理能力、信息搜集处理能力、识人用人能力、自我管理能力、风险控制能力、掌握专业技能、掌握专业知识、创业知识积累、勇气胆识、乐观自信、吃苦耐劳、踏实、坚持、独立进取、责任担当、奉献精神、理想目标、兴趣爱好、诚信、专注、认识自我、人脉经验积累、良好身体素质。对比表7-2和表7-4，可以发现在期刊文献、中职生创业案例中创业能力要素分布情况相似，大部分相同或相似的能力要素在材料来源中出现频率也较为接近。当然也存在相同要素在不同类别样本中出现频率有明显差异，以及个别要素只在少量样本中出现不够具有代表性等问题，因而需要进一步整理归纳。

二、中职生创业能力结构的初步建构

由于不同学者对创业能力的构成理解不同，在对创业能力的维度划分和具体指标制定上也存在较大差异，当前对创业能力的结构模型也尚未形成统一的看法。基于有关"创业能力构成"研究的期刊文献的编码分析，结合学者观点将相应的创业能力要素提取。而基于中职生创业案例的文本编码分析，对文本内容进行分析并结合辞典定义所提取的创业能力要素，所以在不同材料的分析结果中的创业能力要素名称也不完全相同。据上述分析结果，参考已有研究分类，可以作进一步整理归纳，从而得出更能反映中职生创业能力的要素。

可以发现被广泛提及的经营规划能力、财务管理能力、识人用人能力、风险控制能力、组织管理能力都和企业经营管理密切相关，通过参考MBA智库百科（全球专业中文经管百科），发现"组织管理能力"主要包括经营、管理、用人、理财等方面，当然在后续问卷编写中针对这一能力要素的问题设计应以上述细化能力要素为基准。"吃苦耐劳""坚持""踏实""专注"等要素间都存在一些相关性，如只有"耐心"才能更"专注"，只有"专注"才能更好地"坚持"。所以针对此类情况，可以进行适当的分类合并。而"良好身体素质"仅在一个样本中出现，所以认为其并不具代表性，不作为中职生创业能力构成要素。

在梳理文献时发现，学者大多会在研究中对创业能力进行维度划分，这使得创业能力结构更加清晰也易理解。目前国内外学者对创业能力的划分维度也存在较大差异，通过参考已有研究成果、查阅辞典，本书将中职生创业能力初步划分成创新思维能力、组织管理能力、专业实践能力、社会应对能力、个人意识品质五个维度，由24个要素构成，如图7-1所示。

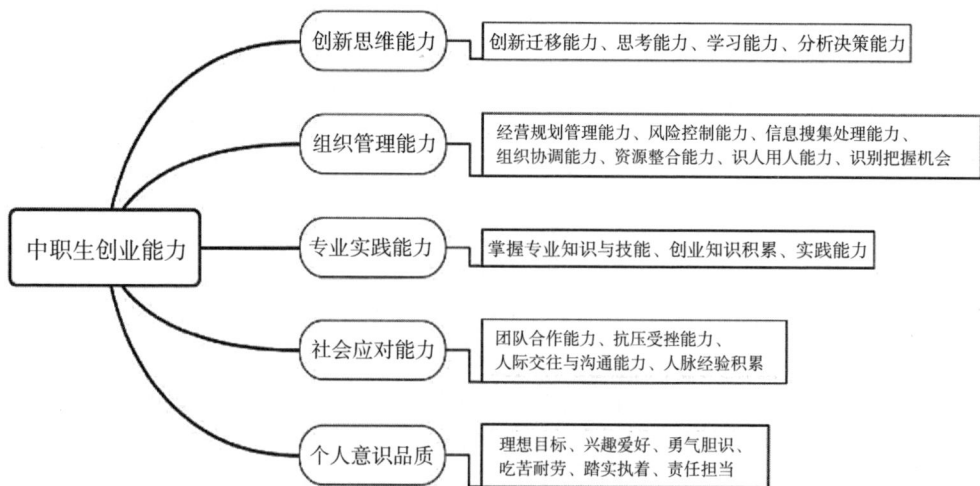

图 7-1　中职生创业能力结构的初步建构

其中，认为能够创造性地思考、分析问题，有良好的学习能力和迁移能力都与我们的思维能力密切相关，因此将此类能力概括为创新思维能力；把具有危机意识、善于控制风险，善于识别把握机遇、搜集处理信息、准确把握人和物的定位，经过组织协调实现资源利用最大化的能力概括为组织管理能力，这类能力对于企业的经营规划管理起关键作用；通过学习熟练掌握一项或多项专业知识技能，并能够将知识技能应用于实践的能力，将其概括为专业实践能力，这也是中职生的优势所在；善于与人交往，有良好的沟通交流能力和团队合作能力，积极乐观，能够适应较大的压力，将这类表现概括为社会应对能力。除上述四个维度外，中职生创业能力还与个人的意识品质紧密相关，包括个人的兴趣爱好、个人理想目标以及个体所表现出的勇敢自信、踏实执着、责任担当等人格品质。综上，本研究对中职生创业能力结构做了初步设想，分为以上五个维度。

以初步设想的中职生创业能力结构为基础，参考已有研究成果，本研究制定了一份中职生创业能力调研问卷，分为基本信息和检验性问题两部分，其中基本信息主要包括专业、年级、家庭创业史等人口学信息，检验性问题则采用李克特五级量表的形式，对中职生创业能力进行调查。见表 7-5，检验性问题围绕预设的五个维度制定。

表 7-5　预调研问卷题项与维度对应情况

类别	维度	对应提项
基本信息	人口学特征	1～4
	学生特征	5～10
检验性问题	创新思维能力	1、7、8、10、14、26
	组织管理能力	2、6、13、15、23、24、25、28、31、34
	专业实践能力	5、11、12、29、32
	社会应对能力	4、16、18、20、22、27
	个人意识品质	3、9、17、19、21、30、33、35、36

三、中职生创业能力结构的实证分析

为了保证问卷的信度和效度，本研究在正式开展问卷调查之前，进行了一次预调研，并结合预调研结果提出了中职生创业能力的结构。预调研被试对象是浙江省内两所中等职业学校就业班的在校生，累计回收有效样本 105 份。预调研结果显示整体呈现出较高的信度和效度，在因子分析上，五个维度上的因子聚合呈现大致与预期相近，部分问题项与预期存在一定差异，根据数据呈现情况，进行了问题项的删减、修改、合并等处理，对调研问卷做了调整。

（一）信度分析

对量表进行信度分析，本研究采用 Cronbach's Alpha（克隆巴赫系数）检验量表信度，将校正项总计相关性（CITC）、α 系数作为主要参考。经信度检验，得到 α 系数为 0.948，说明数据信度好，且删除任意一项得到的 α 系数都没有明显增大。根据 α 系数 > 0.9，说明数据有较高的可靠性，可以进行下一步分析。

（二）效度分析

为了检验量表效度，采用探索性因子分析，对量表数据进行 KMO（Kaiser-Meyer-Olkin）检验和 Bartlett 球形检验，得到 KMO 值为 0.915 > 0.8，整体具有良好的效度，p=0.000 < 0.05，说明各项因素存在显著性相关，表明量表数据适合进行因子分析。

根据因子分析结果，剔除公因子方差低于 0.5 的项，重复操作最终删除量表中 28、36 两项因素。下一步，观察各因素在因子上的载荷系数，剔除各因子下载荷系数均低于 0.5 的项，剔除与预期维度不符的因素，经多次分析，最终删除第 3、6、16、23、24、30、32、35 项因素，得到累积方差解释率 71.856%，旋转因子载荷矩阵见表 7-6。

表 7-6 旋转因子载荷矩阵

题项	因子载荷系数				
	因子 1	因子 2	因子 3	因子 4	因子 5
17 诚信	0.738				
21 抗压	0.704				
9 脚踏实地	0.692				
19 创业价值	0.528				
33 坚持	0.527				
8 创新迁移		0.742			
13 危机意识		0.676			
7 分析决策		0.600			
10 创新想法		0.598			
14 善于思考		0.532			
25 识人用人			0.676		
31 资源整合			0.675		
2 发现把握机遇			0.619		
34 搜集处理信息			0.605		
15 发现商机			0.536		
20 团队合作				0.727	
22 人脉积累				0.713	
4 乐于助人				0.586	
18 适应能力				0.549	

续表

题项	因子载荷系数				
	因子1	因子2	因子3	因子4	因子5
27 沟通交流				0.545	
12 实践应用					0.779
11 专业知识					0.762
1 学习能力					0.692
5 实践活动					0.658
29 专业技能					0.579

对个别与设想存在差异的项，经过分析探讨，进行适当调整，将风险控制能力调整为风险意识，并纳入创新思维能力维度，专业知识技能的掌握与个人学习能力密切相关，将学习能力纳入专业实践能力维度。此外，根据预调研结果对一些能力要素进行归纳，相应修改调研问卷，进一步精简问卷，最终得到中职生创业能力构成情况，如图 7-2 所示。

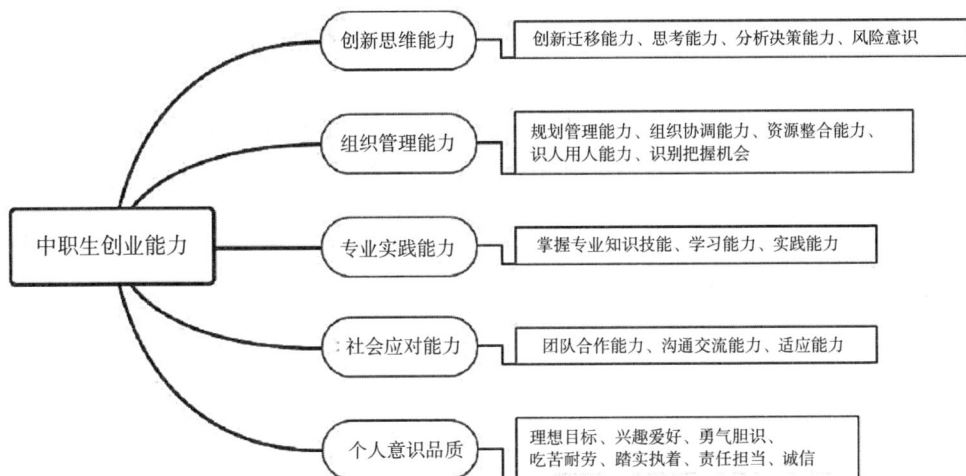

图 7-2　中职生创业能力结构图

第二节　中职生创业能力培养提升策略

中职学校是中职生创业能力培养的主体，但并不意味着中职学校创业教育只与学校有关。中职学校创业教育需要政府、学校、社会各界的共同努力，充分协调利用资源，为中职生未来的创业创造更有利的条件，打消他们的顾虑，帮助他们正确认识创业，树立创业的信心。通过创业教育培养中职生的创业能力，提升中职生的综合素质，以帮助他们更好地胜任工作岗位，拥有更多的人生选择和无限可能。

一、提升学校创业教育水平

（一）明确创业教育目标

被试样本中有相当一部分中职生认为创业就是为了创造财富，大多数中职生的创业动机也是为了创造财富。当然，创业成功往往会给创业者带来高收益，但如果只有利益作为驱动，势必容易产生问题。中职学校培养学生的创业能力，不能抱有太强的"目的性"，以"创业结果"为导向的创业教育，可能会忽视了对中职生能力的培养。

1. 重视中职创业教育

传统的中职教育是为了培养专业技术技能型人才，目前国内高职院校逐年扩招，许多中职学校将重心放在学生的升学考上，在访谈中，谈及创业师资数量少、专业性不强的问题，中职教师普遍提到学校对升学教育更重视。然而，中职学校领导层面应该认识到现代社会需要的是具备较高综合素养的人才，只有重视学生各方面能力的培养，才能让学生更快适应社会，更好实现就业。而创业教育的目的就是为了培养综合素质的学生，中职学校应该意识到中职生创业能力的培养和升学深造是可以相互成就的，并不矛盾。因此，中职学校要正确认识创业教育的必要性和重要性，以适应社会发展的需要。严格意义上的创业应是以创新为前提的，创业能力是多种能力的集群，创业教育也应当重视学生各方面能力的培养。

2. 转变创业教育理念

提到创业教育和创业能力培养，许多中职教师会认为创业教育就是为了培养学生创办企业、经商的能力。中职学校重视升学教育的当下，创业课程似乎只是为了存在而存在，在被试中职学校中，创业课程数量单一、含金量低、受众少等问题是普遍存在的。要提升中职学校创业教育水平，中职学校应该明确正确的创业教育理念，明确中职生创业能力培养目标，抛掉"功利性"的创业教育，以"过程"为导向，重视培养学生的创新思维，锻炼学生的组织管理能力，提升学生的专业实践能力，学习成绩不是全部，只是学生综合素养的一个组成部分。中职学校只有充分认识到正确的创业教育理念，才能从根本上转变对创业教育的态度，培养社会需要的全面型人才。

（二）完善创业课程体系

1.理论结合实践，双管齐下

根据调研结果，发现开设实践类创业课程的学校，学生的创业能力水平更高。因此，在中职生创业能力培养上，中职学校应当完善创业课程体系，保证课程体系的科学性和合理性。既要有理论课程，又要有实践课程。既要带领学生正确认识创业，又要通过实践教学让学生切身体验创业。创业教材要与时俱进，及时更新，即使是理论课程也不应完全依赖教材。面向中职学生，尤其要注意课程的实用性，通俗易懂，由浅入深。

2.融入专业教育，因材施教

调研结果显示中职生创业能力水平存在显著性的性别差异、年级差异、专业差异。因此，中职学校在创业教育中应充分考虑到不同中职生的差异性，有针对性的因材施教。根据不同专业、不同年级，在课程教学中要有所侧重。与普通高中学校的学生相比，掌握一门专业技能是中职生的优势所在，加强创业教育与专业教育的融合，既能加深学生的创业认知和创业体验，又能帮助学生更好地掌握专业知识技能。例如根据调研结果，财经商贸类专业学生的专业实践能力相对较弱，而信息技术类专业学生的组织管理能力相对较弱，在创业课程教学中可以侧重考虑相应能力的培养。

再者，要强调创业课程设置的阶段性，在不同年级的创业课程教学中，要遵守循序渐进的原则，一年级要引导学生正确认识创业，储备理论基础，激发学生的创新思维、创业兴趣，尤其要引导学生树立理想目标，提升学生的意识品质。二年级加入实践类课程，可以组织学生多尝试创新创业类竞赛，促使学生不断打磨完善自己的创业计划，提升学生创新思维、组织管理、专业实践等各方面的能力水平。三年级，就业班学生可以将创业实训与专业实习相结合，丰富实践经历，提升学生的社会应对能力和专业实践能力。此外，女生整体创业能力水平低于男生，尤其在创新思维能力方面表现明显。因此，创业指导教师在教学中应关注女生在创新思维等方面的培养，学校在创业实践活动等方面应充分考虑到女生的特征，面向女生开展一些针对性更强的活动。综上，中职学校在创业教育中，要重视不同中职生间的差异性，实事求是，因材施教，才能更好地实现中职生创业能力的培养。

3.衔接高职课程，分段培养

高职院校持续扩招，意味着中职生的升学率也会随之增加。创业教育也是高职院校当前的一项重要工作，如果能实现中高职学校创业教育的课程衔接，在中职教育阶段，使大部分的学生都对创业有一定的认识，掌握基础的理论知识，和扎实的专业实践能力，在创新思维、组织管理等方面都有过一些锻炼或实践经历，在高职教育阶段，就能更顺利地开展更深层次的创业教育；如果能实现中高职学校在创业教育师资、创业实践基地等方面的资源共享，合作办学，那么不仅能够为中职创业教育带去更多资源和条件，高职院校的创业教育也必将取得更好成果。

（三）提升创业教师水平

创业教育中，创业教育师资队伍就是一种"软实力"，中职生创业能力的培养，关键在于教师的指导，中职创业教育必须有一支高水平的创业教育教师队伍。创业指导教师既要具备丰富的专业理论知识，又要有创业实践经历的积累。在创业类课程教学中，教师不能完全依赖教材，应当对相应课程有自己的阐释，结合自身经验，让学生更好地理解和掌握学习内容。如D校的创业课程虽由一位教师负责，但该教师具有创业教育背景，且在授课中将理论和实践相结合，分年级因材施教。而C校的创业教师队伍虽然人数较多，但均为德育教师和其他科教师兼任，调研数据表明D校学生在创新思维能力、组织管理能力、专业实践能力和个人意识品质等方面的水平都显著高于C校学生。中职创业教育师资队伍建设归根结底是为了提升创业教育教师的专业能力和专业素养，主要可以从以下几点出发。

1.适当扩招，保证专任教师数量

提升中职创业教育师资水平，就要保证师资力量充足，保证创业教育教师人数。一些中职学校由一位教师负责全校学生的创业课程教学，显然是不够的。有些中职学校由多名教师负责创业课程教学，但这些教师并不具备创业有关专业背景，更没有相关创业经历，自然难以在创业方面给予学生启发性的指导。创业教育教师人数的不足，也表明了学校对创业教育的不重视。中职创业教育教师队伍不应排斥聘用兼职教师，相反，创业教育师资的来源不应局限于教育界，还可以来自企业、政府等社会层面。因此中职学校要适当扩招，根据学生人数配比充足数量的专任教师，提高创业课程的质量。

2. 专兼结合，提升教师专业水平

虽然C校的创业教育教师人数多于D校，但C校的学生在创业能力水平的五个维度上的能力水平得分均值皆不及D校。结合访谈结果可以发现，C校的创业教育教师都由德育教师兼职，而D校的创业教育教师则有相应的学科背景，有更丰富的创业知识储备，且有更多的创业经验。因此，中职学校创业教育中要选聘具有高水平的专业能力和专业素质的教师。要聘用同时具备创业理论知识和创业实践经验的教师作为创业师资队伍的主力，其能为学校的创业教育制订更科学的教学计划。

在中职创业教育师资队伍建设上，应尽量实现多元化的教师队伍结构，除有专业背景的专职教师，中职学校还可以聘用企业高技术人才、管理型人才为兼职教师，对学生的专业实践进行指导，还可以邀请一些企业大咖以讲座、座谈会的形式现身说法，向在校学生传授经验，向学生讲解创业的经历和创业必备的知识技能，让学生了解到更前沿、更贴切实际的知识。

3. 校企合作，创造教师培训机会

创业教育需要与时俱进，就要保证教师思想的不断更新，因此，即使是有专业背景的创业指导教师也需要不断学习提升自己，学校应在此方面给予教师充分的支持。一方面，要加强创业教育的理论培训，不断更新丰富创业教育教师的专业知识储备，提升教师的专业素养。另一方面，要重视创业教育教师专业实践能力的培养，可以与企业合作，定期派遣创业教育教师参与到企业生产管理中，丰富专业经历，提升专业能力。当教师结合切身经历将知识传授于学生时，往往更能激发学生的兴趣。

（四）拓展创业实践平台

实践是检验真理的唯一标准，实践是将理论学以致用的最好途径，创业实践活动使得学生可以将课堂所学的理论知识与实际操作相结合，可以在实践中深化对理论知识的认识。而本次调研结果显示，在中职生创业能力五个维度中，专业实践能力是相对薄弱的部分，这也说明拓展创业实践平台的必要性。目前一些中职学校设有一些创业实践平台，例如创新创业园、创业一条街、创业类社团等，但根据调研发现，此类创业实践平台并没有得到很好的利用，这与中职学校越来越重视学生的升学教育有很大关系。创业实践平台能够给予中职生锻炼组织管理能力和专业实践能力的机会，要更好地培养中职生的创业能力，中职学校既要在校内组织多样的实践活动，也要利用校企合作等资源，拓展创业实践平台。

1. 资源整合，增加实践平台的多样性

拓展创业实践平台，一方面可以通过校企合作、校校合作等途径，充分利用资源，为学生提供创业实训基地和实践平台，重视理论与实践的衔接。在创业实训基地的选取上，要充分考虑到学生专业与区域产业的相关性，让学生能够学以致用，在实践中学习到专业领域的前沿内容。学校可以与企业合作，为学生争取创业项目孵化基地，帮助有想法、有能力的学生开启创业第一步。另一方面可以丰富校内实践活动，成立包括创业类社团在内的多种学生组织，定期组织与创业相关的实践活动，例如跳蚤市场、创新创业类大赛等活动，给学生提供丰富的实践平台，激发学生的创新思维和创业兴趣。除了创业类实践活动，学校同样要调动学生积极性参加各类实践活动，有助于提升学生的沟通交流、组织管理等通用能力。

2. 加强管理，提高实践平台的利用率

很多中职学校已经设立了一些创业实践平台，但随着学校教学中心的转移，创业实践平台并没有得到很好的利用。要给中职生提供更多实践机会，提升中职生的创业实践能力，加强实践平台的管理，提高实践平台的利用率十分关键，尤其创业类社团、创新创业园等校内实践平台，要完善日常管理，加强对学生的指导。例如D校的校内超市由学生负责经营管理，创业教育教师给予指导，"创业合伙人"有一定的准入机制，也有相应的考核标准，激发了学生的兴趣，也让"超市小店员"更加珍惜"工作机会"。

（五）建立创业激励机制

调研结果显示，中职生的创新思维能力相对较低，参加专业技能大赛、创新创业竞赛的比例低，说明学生的积极性不高。要想提升中职生创业能力水平，就要调动学生的主观能动性。中职学校可以建立完善创业激励机制，一方面对在创业方面有突出表现的学生进行公开表彰，通过树典型，帮助有创业想法的学生建立信心，找到自己的创业价值。通过宣传创业能力突出的学生代表，宣传往届毕业生创业成功的事迹，来创造良好的校园创业氛围。另一方面可以组织校内创新创业类竞赛，发动更多学生积极参与，激发学生的创业兴趣。此外，学校还可以借助政府、企业的支持，成立校内创业基金，用于表彰优秀学生，对于学生的一些创业项目，学校应充分调动资源，给予他们资金、技术上的支持。

二、发挥中职生的主观能动性

中国传统的教育，让很多学生习惯了教师教什么自己学什么的课堂，每到提问环节，教室里鸦雀无声。这就导致了在中职课堂中，中职生同样处于被动学习的状态，中职生缺乏主观能动性，必然会影响学校创业教育的成效。根据调研结果，可以得到有相当一部分中职学生对创业没有正确的认识，有超过 10% 的中职生认为只要投资就会有回报，许多中职生的创业动机就是为了创造财富。被试的 875 名中职生中，只有 12.5% 参加过专业技能大赛、创新创业大赛等，对量表中的第五项"我经常参加社会实践、社团活动"内容进行描述统计，得到均值为 2.86＜3，这些数据都能反映出中职生在实践上缺乏主观能动性。对此，建议学校从以下三方面入手，提升中职生在创业教育学习中的主观能动性。

（一）转变中职生观念，正确认识创业

转变中职生的学习观念，提高学生的思想认识，丰富课堂形式，激发学生的学习兴趣，引导中职生尝试主动学习、主动提问。在创业教育中，尤其要引导学生明确创业教育目的，正确认识创业，帮助学生认识到提升个人创业能力有助于个人未来发展。在创业理论课程教学中，就要帮助学生树立正确的创业动机，引导中职生明确自己的理想目标，挖掘自己的兴趣爱好，以理想和兴趣为主要动机，找到创业价值所在。对创业成功与否的判断，绝不仅是创造的财富值，更重要的是对个人及社会发展所创造的价值。教师在帮助学生明确创业动机时，要强调不应将创造财富作为唯一的创业动机，以免在创业过程中迷失了自己。

（二）客观认识自我，树立良好心态

现在中职生都是"00 后"，大多在长辈的宠爱中长大，物质条件优越，缺乏艰苦环境的历练，信息技术的发达，网络空间的鱼龙混杂，使得一些中职生难以客观认识自我，会存在盲目自信或消极自卑的情况。虽然调研结果显示，有创业计划的中职生，其创业能力水平要高于其他学生。但创业过程艰苦，可能面临

各种阻碍，引导中职生树立良好心态仍然是重要一环。因此，中职生要学会正确认识自我、客观评价自我，中职教师在心理课堂教学中可以借助科学量表帮助学生进行自我评价，教会学生建立良好心态。只有正确认识自我，善于总结自身的长处和短处，在学习中懂得不断弥补自己的不足，在职业发展中能够取长补短，才能更好地胜任工作岗位。在选择是否创业的问题上，就需要中职生能正确认识自我，对照创业所需的各项能力客观分析评价自己，做出理性选择。

在创业过程中，遇到挫折在所难免，如何面对挫折是创业者学习的关键。在面临困难和挫折时，如果能保持良好的心态，理性分析，找出解决办法，将会给自己和团队带来莫大的信心。即使不选择创业，良好的心态也会给日后的就业和生活带来更多能量，因此，引导学生树立良好心态是不容忽视的。

（三）积极参与实践，提升综合素质

纸上得来终觉浅，绝知此事要躬行。只有通过亲身实践，才能对理论知识有更深入的理解，才能将所学之事化为己有。对中职生创业五个维度上的能力进行比较，可以发现中职生专业实践能力相对薄弱，而中职教育就是为了培养专业技术技能型人才，创业能力的培养更是离不开实践。因此，中职学校要更加重视学生的专业实践能力培养，从而提升学生的创业综合素质。

中职生要积极参与到各种创业实践活动中去，通过不断尝试积累经验。一方面，要尝试参加创新创业类竞赛，培养自己的创新思维，锻炼自己的动手能力，当然这离不开创业教育教师的指导。另一方面中职生可以积极参加创业类社团等各种形式的创业活动。创新创业类竞赛或许要求参赛者有一定的基础和经验，但校内外的社会实践活动、创业实训等受众更广。在参加各类实践活动的过程中，不仅能够提升个人的实践能力，更能帮助中职生拥有更强的沟通交流、社会交往和团队合作等能力。中职教师要发挥好引导作用，培养中职生诚实守信、勇担责任的优良品德，重视中职生的全面发展，培养中职生各方面的能力品质，帮助中职生提升个人综合素质。

三、加强政府的支持与引导

（一）加大对中职生创业的支持力度

1. 细化落实政策

国家大力号召"大众创业，万众创新"，要建设创新型国家，近年来政府文件中也在不断强调要重视职业教育，培养高水平的技术技能型人才。对历年各政

府部门工作报告、政策文件梳理，发现早在 2002 年，《国务院关于大力推进职业教育改革与发展的决定》（国发〔2002〕16 号）就提出："职业学校要加强职业指导工作，引导学生转变就业观念，开展创业教育，鼓励毕业生到中小企业、小城镇、农村就业或自主创业……工商、税务部门要研究制定优惠政策，适当减免有关税费，支持职业学校毕业生自主创业或从事个体经营，金融机构要为符合贷款条件的提供贷款。"2018 年，《教育部关于印发〈中等职业学校职业指导工作规定〉的通知》（教职成〔2018〕4 号）文件指出："各地教育行政部门应当积极协调人社、税务、金融等部门，为中等职业学校毕业生就业创业创造良好的政策环境。"由此可见国家对中职学生创业教育的重视，但目前针对毕业生的创业优惠政策更多的是面向高校毕业生，面向中职毕业生的较少，政府除了要加大对中职生创业的政策支持力度，还要强调多部门共同协商，细化政策条例，保证政策的可操作性，重视相关政策的落地，简化办理程序，为中职毕业生提供便捷。

2. 加大经费投入

调研数据显示超过 50% 的中职生都在犹豫是否选择创业，而对他们而言创业最大的阻碍之一就是缺少创业资金，而大多数家庭是难以给予足够的创业资金支持的，往往需要政府的财政、企业的创业基金等支持。因此，建议政府加大相关经费的投入，一方面能够给予中职生足够的贷款额度，减免贷款利息和税费，给予中职生一定的创业补贴，减少中职生创业上的资金压力。另一方面，政府要加大对中职创业教育的经费投入，使得中职学校能够引进具有更强专业能力和更高专业素质的高水平师资队伍，完善创业教育的硬件设施、平台建设，这也能使在校中职生感受到政府和学校对创业教育的重视，帮助中职生树立创业信心。

（二）引导创业教育和社会舆论发展

1. 引导创业教育发展

政府在中职创业教育工作上要发挥好引导作用，关注学校、企业的发展动态，搭好学校与企业，学校与学校间的创业教育桥梁。这就要求地方政府主动与当地主导产业、龙头企业联系，为中职学校提供优质资源，为中职生提供实训基地、为中职创业教育教师提供学习进修平台。地方政府还可以通过加强区域内中职学校与高职学校间的联系，引导中高职学校实现创业教育层面的合作办学、资源共享，例如实现创业课程的中高职衔接，实践平台和实训基地的共用，创业教育教师队伍间的学习交流等。加强创业教育层面上的校企合作和校校合作，一方面能更好地培养中职生创业能力，提升中职学校创业教育水平。另一方面也是为企业培养综合素质更高的专业人才，为高职学校培养更优质的生源，实现学校和企业、学校和学校间的合作双赢。

2. 营造良好舆论氛围

许多正在犹豫是否要选择创业的中职生认为，创业阻碍之一是前途的不确定性，这与中职生对创业的认识不够清晰和当前社会的创业氛围不够积极有关。良好的社会舆论氛围对中职生的创业兴趣会有很大影响，创业是一个复杂艰苦的过程，尤其中职生群体年龄较小，渴望得到社会舆论的认可与支持。而社会的认可与支持，往往能帮助创业者找到自己的创业价值以及人生价值，能更好地适应创业带来的压力，敢于直面创业路上的挫折，树立自己的创业信心。

因此，政府应该关注社会舆论，引导舆论宣传。首先，要加大对创业政策的宣传力度，让更多人了解创业，了解国家最新政策。其次，要加大对中职生创新创业类大赛的宣传力度，对表现出色的中职生典型进行重点宣传，弘扬吃苦耐劳、敢为人先的创业精神。此外，对中职毕业生成功创业的案例要多加宣传，既要面向在校生宣传，也要面向社会大众宣传，营造积极的创业氛围。在社会舆论方面，政府应号召各类媒体的积极配合，通过多种渠道、多种形式，宣传创业类资讯，宣扬创业文化。通过舆论引导，让人们对创业有正确的认识，提高社会对创业失败的宽松度，使社会中形成一种支持创业、鼓励创业的氛围，这也符合国家"大众创新，万众创业"的号召。

四、提高企业的参与积极性

企业掌握着行业前沿发展趋势和专业高新技术，既需要专业人才，又能培养专业人才。中职学校的专业设置往往与当地产业有关，地方主导产业的龙头企业对中职创业教育的发展也起着重要作用。

（一）为中职生提供创业实践平台

企业要积极保持与中职学校的密切联系，加强校企合作，一方面能为企业培养储备人才，另一方面也可以为中职生提供创业实训基地，培养学生的专业实践能力。企业可以多关注中职生的创业想法，为中职生的创业项目提供"孵化"基地，提供资金、技术等方面的支持，帮助中职生实现创业的第一步。

（二）为中职教师提供学习培训机会

校企合作除了能给学生提供更优质的平台，也同样能给中职创业教育教师带来更多学习机会。中职学校在创业教育师资队伍建设上，要考虑"专兼结合"的教师队伍结构，这也离不开企业的支持。一方面，企业要给中职学校创业教育教师提供培训进修机会，不断丰富教师的专业知识储备，提升教师的专业能力和素养。另一方面，企业也要乐于选派优秀的专业技术人才、企业管理人才担任中职学校创业教育方面的兼职教师，也可以通过讲座、座谈会等形式，以个人实战经历向中职生现身说法，传授经验。

五、转变家庭的思想和观念

虽然在本次调研中，中职生创业能力水平在家庭成员是否经商的问题上并不存在显著性差异，但在创业能力高水平组和低水平组的分布上来看，家庭成员中有人经商的中职生处于高水平组的比例更高。事实上，家庭的思想观念和父母长辈的期望对孩子的成长有很大影响，也会在潜移默化中影响孩子的许多重要选择。在不打算创业和选择处于犹豫状态的中职生中，均有一部分学生认为创业的最大阻碍之一是父母不支持。因此，转变家庭传统的思想和观念对中职生创业能力的培养也起到重要作用。

（一）改变传统就业观，客观认识创业

中国传统的就业观念往往更倾向于体面、稳定且高收入的工作岗位，这会使得很多家长不认可创业这一就业形式，甚至有些家长认为创业等于不务正业。这种传统的就业观念，往往会影响子女的就业选择。在父母不支持的情况下选择创业，孩子可能会面临更大的精神压力和经济负担。此外，还会不可避免地打消孩子的创业兴趣和创业积极性。

创业教育的目的是培养综合素质强的学生，创业能力是多种能力的集合，一个具备良好创业能力的人，与创业能力较弱的人相比，一定具备更强的核心竞争力。家长要正确认识创业教育，转变传统的就业观念，在子女选择创业时给予理解和支持。在家庭条件允许的情况下，可以给予子女适当的资金支持，帮助子女树立创业信心。

（二）科学的家庭教育，拒绝过度保护

中国父母对孩子的保护往往在第一位，不少孩子是家中团宠，不知不觉中会形成长辈对孩子的溺爱，这就造成有一部分孩子进入中学甚至大学，仍缺乏独自

生活的能力。没有经历过一些困境的孩子，缺乏经验和历练，在组织管理、实践能力等方面都会有所欠缺。因此，为了孩子更好的发展，父母应该从小重视孩子的家庭教育，培养孩子的动手能力、沟通交流能力、抗压能力等，才能帮助孩子更好地融入集体。从此次调研结果看，有超过 40% 的中职生的家庭成员中有人经商，当然这与浙江的商贸经济发展有很大关系。正在经商的父母不必刻意向子女回避经商有关事宜，相反，让子女参与其中，可以帮助他们理解创业，培养他们吃苦耐劳的品质、实践动手能力和与人交流的能力。

第八章　中职生职业核心素养评价标准体系的实践

在对中职生的职业核心素养进行评价中，必须充分地结合目前我国对中职生职业核心素养教育的要求，结合不同专业、不同年级的中职生建立合理的评价标准体系，从而保证评价的实际效果，推动我国中职生全面发展。

第一节　中职生职业素养评价及标准建构的基本依据

中职生职业素养评价是一种复杂的评价实践活动，需要哲学、教育学、心理学、教育评价学等多维理论的支持。其评价标准体系的建构不仅要依据马克思主义人的全面发展学说、生存论哲学与价值观、多元智能论、人类素质、发展性教育评价论等理论，还要依据国家政策对中职学校的培养目标以及行业企业用人单位对中职生素养的现实需求、岗位职业标准要求等，只有这样才能对中职生职业素养评价标准的体系框架进行科学、有效地设计。

一、理论依据：中职生职业素养评价的相关理论基础

（一）基于马克思主义"人的全面发展学说"的认识论基础

发展的终极目的是什么？这是一个核心问题，也是一个关于学生评估的理论基础。人的发展方向与目的是一个老掉牙的问题。孔子、孟子、柏拉图、亚里士多德，在各自的思维系统中，都对人类的教育目标做出了深刻的评价。但是，其中大部分都是零散和不成体系。直至 19 世纪，西方古典马克思主义学者对乌托邦社会主义者的全面发展思想进行了深入的剖析和批判。马克思、恩格斯通过对技术部门工人的工作环境的考察，得出结论：人的局部发展是由旧有的分工造成的，后来又回归到过去的人类社会中，尤其是劳力与智力的分离与对抗。在资本

主义工业时代，这一现象已发展到令人震惊的程度。通过精细的劳动分工，劳动者的身体和心理能力都会变成牺牲品，从而使每个作业的技术达到很高的标准。随着大规模机械化生产的来临，劳动者要熟练掌握各类工艺的基本原则和技术，以便做好已有的工作；雇员们要有能力去适应不断变化的工作和情况。

（二）基于生存论哲学"人的市真生存"理念的价值论依据

既然中职生职业素养评价是对评价对象的职场行为、表现及其内在职业品质的价值判断过程，也就离不开价值观，价值观念是哲学思想的基础，它是哲学的一个基本内容。在评价中职生的专业素养时，应首先确定并解决其基本问题，哪种理念，哪种价值。在学生评价实践中，有很多表达形式，如社会价值和个人价值、理想价值和实践价值、超越价值和经验价值、内在价值和工具价值、显性价值和潜在价值。笔者认为，当代生存论哲学价值观理应成为发展性学生职业素养评价的价值论依据。

任何价值都是一种客观存在，一种可以认知、评价并判断其价值的客观存在。中职生职业素养尤其是职业核心素养是十分内隐、复杂的心理层面的个体职业品质，似乎不可捉摸，无法量化评定，但是，我们可以通过个体的职场行为表现来进行有效的价值判断。另外，人是一种具有自然属性、社会属性和思维能力的客体。价值体现了客体与主体性的辩证统一。在对学生的专业素养进行评估时，必须正确认识主体与客体的不同属性、相互关系，并正确把握二者的辩证统一。在价值观的比重上，主体的需求、能力和价值观总是居于中心和最高位置。

中职生职业核心素养评价到底应该持怎样的价值观，或者说，中职生职业核心素养评价以什么为终极价值追求，其根本目的何在，这是中职生职业核心素养评价实践首要问题。毫无疑问，"通过评价促进学生的发展"这一发展性学生评价理念是当下学生评价的主流思想。对这一评价理念中"人"与"促进"内涵的理解与把握是关键。审视当下中职生评价实践的现状与问题，存在着诸多管理主义、功利主义和科学主义的不良倾向，本质上是对中职生评价怎样才能真正有利于促进学生的发展普遍缺乏深度的价值思考，从而导致了中职生评价迷失了本真追求。基于生存论哲学的视域，借鉴哲学研究的方法论，对传统的职业教育学生评价进行价值反思，是建构当代职业教育以"促进个体生存质量的全面提升为目的"为核心价值理念的发展性学生评价理论体系的必然逻辑，更是建构中职生职业核心素养评价标准实践体系的重要基础。

（三）基于人类素质学"三元理论框架"的素质教育论依据

21世纪初期，中国著名学者鲁迅创立"人的素质"学说，旨在促进人的素质潜能，提高人的主体性和主动性，促进人的和谐发展，促进人的全面发展。在此基础上，人的素质发展形成了三元周期运动的基本规则，素质结构因素，即人的自然属性和社会属性，既包括人的生理因素，又包括人的社会因素，在社会化的进程中，受到社会各因素的影响。另外，社会因素对人的质量构成起着重要的作用。在人的工作、社交等实践活动中，个体素质的质量发展因素应当得以实现，并在社会演化的进程中得以体现和验证。人的品质和其产物（物质与心理）的演化，是人类生存与发展的必然要求。人要提高自己的品质，就得接受教育。在素质教育的进程中，人们的社会知识和劳动能力被内化于人的神经系统，从而使人的社会素质不断提高。以上三元互动共进，三位一体，构成的基本理论框架为今天的素质教育理论奠定了基础，也为本研究如何正确理解人的素质、人的职业素养，特别是建构职业素养的结构模型提供了"素质教育论"依据。

（四）基于"发展性教育评价理论"的评价论依据

发展评估是一种与"全面发展教育"思想相一致的新的教学评估理论，它为当今世界范围内的教育评估改革提供了重要的依据。在VET（职业教育与培训）的学习评估中，它强调了学生的评估理念和标准应该能够促进个体的职业人格发展、职业人格适应、人格动机和自我效能的重构。首先，就评价的作用而言，学生的职业人格素质评价突出了以全面的专业素质发展为首要任务，而否定了"社会标准"理论，使个体的综合职业素质和人格发展最大化。其次，在评估目的上，中职教育与训练的学生评估注重教学目的的落实，而不是以学科知识为基础的评估对象，倡导"专业知识"与"专业技能"的评估。对于"职业素养"来说，评价仅是载体、手段、工具，而不是职业素养本身。"促进学生职业素养的全面发展"理应是职业素养教育学生评价的核心理念和价值追求。

（五）基于加德纳多元智能理论的心理学依据

从20世纪80年代中期到晚期，很多西方心理学家在批判传统的智能理论的基础上，提出了"多元智能"的概念，包括美国心理学家霍华德·加德纳（Howard Gardner）所创立的"多元智力"。加德纳在1983年根据对人体潜力的多种试验研究，提出了他对人的智慧的认识。根据"智力是一个人在一个特殊的社会或文化背景下，解决自己的实际问题，或者制造出一种高效的产品"，我们相信，智能并非如我们先前所了解的，是以言语、数理逻辑和逻辑能力为中心，并以一系列不同的形式存在的智能，即言语智能、数理逻辑智能、音乐节奏智能、视觉空间智能、运动智能、反思智能、人际交往智能、观察和辨别智能、存在智能，它们都与某些认知领域或知识类别有关。这九种智力以不同的方式和层次相结合，从而赋予它们各自的智力特性。

虽然多元智能仅是一个理论框架或假定，但其对于建立中职生职业核心能力的评估标准体系有一定的借鉴意义。加德纳认为，建立一个科学的、系统的评价系统，是对多元智能理论进行反思的一个重要方法。他认为评价是一个人获得有关自身潜能的信息

如技术和能力的处理和评价应该根据被评价的人的问题和工作的能力来进行。多元智力评价的目标是培养学生。评价的主要目标是让学生认识到各种智力发展的特征，而不只是对他们进行综合评价；把智慧作为一种能够解决现实问题的方法。至于评价的效果，他强调，评价应该是在符合学生"实际工作"的前提下进行的。对学生进行评估，要体现现状，提倡"非正式评估"；在评价工具上，他强调打破常规的侦查与检验方法，提倡在不运用语言或逻辑智力的情况下，直接从"情报公正"的角度观察行动中的信息；重视智能的多维性，对学生的评估要做到综合性。该方法既能对学生的学业水平和学业成就进行预测，又能对其情感、态度、价值观等与认知能力相关的程度进行预测。该方法既能对学生目前的能力进行预测，又能对其将来的发展做出准确的预测。突出学生的学习成绩具有特殊性，评价的方式也应该多种多样。多元智能理论以其先进的教育评估思想和对教育问题的独特见解，为我国中职生的职业素养评估体系奠定了坚实的理论基础。

（六）基于教育目标分类学理论的逻辑分析依据

教育目的是指在进行教育活动前，人们对其进行设想和界定的最终期望。教育目的既是对教育、教学活动的指导，也是对学生进行评估的依据。教育目的的分类是教育目的的理论基础。美国著名教育家泰勒（Taylor）"八年研究"中的教育目标分类理论，由其学生著名教育心理家本杰明·布卢姆（B.S. Bloom）等人进一步发展成为关于认知、情感、动作技能领域的教学目标分类学理论体系，后历经几代教育心理学家的共同努力而不断得到修正和完善。

（七）基于现代数学统计测量理论的方法与技术依据

数学是纯粹数量的构造与联系的一种学说。数学方法是把数学的有关概念和理论结合起来，对对象进行量化的描述，运用抽象的思想，建立数学模型，计算，逻辑推导，分析判断，从定量的角度揭示对象的性质和运动规律。每个现实体系都是量与质的单元，这与教育现象一样。中职生评估应该从质与量两个层面来全面地度量人才培养目标的实现，这不仅要从质上进行逻辑性的研究，而且要有说服力的定量分析。所以，我们只能通过现代的数学手段，来实现这样的完美。这意味着，只有在一种科学被成功运用到了数学中，才能被称为完美。

首先，利用教育统计学、计量学这两门专业作为应用数学、计量学的分支，可以为建立中职教育专业的教育测量学提供重要的数据和方法。比如，人们普遍把"观察与理解"与"控制量化"作为学生的评估模式。传统的评价方法，特别是对学生的评价，往往建立在"观察与理解"的基础上。但是，在此基础上，运用现代模糊数学的方法，可以为我国中职生的核心职业素质评价提供依据。将"观察与了解"的范例与"控制与定量"的范例结合起来，进行了一种行之有效的综合评价。

其次，运用模糊数学的方法，对教育评估量化研究具有重要的意义。模糊数学在思考这个含糊不清的教学问题时尤其有用。利用模糊聚类和类似优先比，可以对个体或团体中的某些要素进行分类；通过综合决策与评估，可以对模糊问题做出全面的评判，并运用矩阵操作进行量化评估；在此基础上，利用模糊语言、模糊控制等方法，建立了一个模糊数学模型，解决了很多不能精确定量、评价的问题。

最后，应用现代计算技术和电子计算机系统，可以为中职生职业素养评价提供现代化的辅助手段。中职生职业素养评价是一件相当复杂的工作，需要快速处理大量烦冗的评价数据。计算机信息技术手段的应用，不仅能降低评价工作强度，还能提高评价工作的速度、质量和效能。

总之，现代数学测量统计理论以及现代信息技术手段为中职生职业核心素养评价标准体系的建构提供了重要的方法依据和技术支持。

二、政策依据：国家相关政策规定和中职学校人才培养目标

中职院校的办学宗旨包括基本方向、基本水平、基本标准、基本要求、培养什么样的人才、中职教育的质量。培训目标是中职教育培训的出发点和目的，是

中职培训的指导,是衡量中职培训的质量和效果的重要指标。当然,就培养目标的制定主体而言,培养目标有不同的类型:有国家政策层面的培养目标,由国家政策文件规定;有实践层面的培养目标,由各中职学校在实践中确立(即实际执行目标);有学术层面的培养目标,由学者从学术研究的角度建构。但最为权威的肯定是国家政策层面以文件形式规定的培养目标,这是我们建构中职生职业核心素养评价标准体系的重要政策依据。

(一)我国中职培养目标的历史沿革与启示

我国制度化的职业教育最早发端于清末。1904年,癸卯学制的颁行是近现代教育制度在中国建立的标志。在其《学务纲要》的"全国学堂总要"中开中国近现代教育历史之先河,首次阐明了我国各级各类教育的培养目标"以端正趋向,造就通才为宗旨",当时各地兴办的新型实业学堂均以此为培养目标追求。从民国初期到1949年,国民政府时期的职业教育培养目标以黄炎培的主张为代表。1934年,黄炎培先生在《中华职业教育社宣言》中明确提出:"职业教育之目的,一为谋人格发展之准备;二为个人谋生之准备;三为个人服务于社会之准备;四为增进世界和国家生产力之准备。"职业培训应注重培养职业学生的创新能力和人格发展,职业学生应能胜任社会岗位,全面提升和发展职业智能、职业道德、职业心理、科学知识、学习和实践技能。

(二)我国中职培养目标的基本内涵与素质要求

基于以上对我国政策规定的中职培养目标历史沿革文献的梳理,可以清楚地看出我国中职教育培养目标随着社会主义经济、社会的发展而不断变化的时代脉络。中华人民共和国成立以来,我国中职培养目标的定位大致经历了四个阶段:一是中华人民共和国成立到改革开放前,主要定位于培养企业管理干部、技术人员和技术工人;二是20世纪80年代,主要定位于培养技术人员、管理人员和技术工人;三是20世纪90年代到21世纪初,主要定位于培养实用人才或应用型人才,同时,部分政策文件将培养目标主要定位于培养技能型人才;四是2012年以后,《国家教育事业发展第十二个五年规划》提出要培养高素质、应用型技能型人才。纵观这几十年来,我国中职教育培养目标的政策性文件表述,无论是对培养人才类型的界定,对培养人才层次的划分,还是对培养人才的劳动岗位的解说,对培养人才特征的描述等,万变不离其宗,中职人才培养目标的基本内涵没有大的变化。所谓基本内涵,是指培养目标达成后受教育者所应该具备的素养资质。虽然不同历史时期的中职培养目标有不同的表述,但是从上文诸多表述中可以看出，中职人才培养目标内涵至少包括几个层次的内容：职业素质方面，从职业基础到职业资格，再到职业适应，再到职业发展，强调要体现社会主义教育的根本目的，实施全面发展的素质教育；能力素质方面，从认知能力到操作技能，再到技术分析，再到学习潜能，强调要充分考虑对专业技能或职业能力的培养，提升综合职业能力；心理素质方面，从思想品质、敬业心理、工作态度到合作意识等，强调要考虑培养人才的层次定位与未来的职业发展，要明确培养人才的服务需求。

（三）我国学生发展核心素养的总体框架和要求

目前，"核心素养"已成为我国新一轮课程改革的灵魂。2016年9月，北京师范大学召开了教育部关于中国学生核心能力培养研究结果的记者招待会，并正式公布了《培养中国学生的核心能力》。该成果是北京师范大学在教育部的指导下历时三年完成的，已有近百位专家参与。《中国学生发展核心素养》是中国学生在发展过程中必须具有的基本特点和主要能力。实际上，"核心能力"这一概念最初是在1997年经合组织《识字的定义和选择：理论和概念基础》中提出的。从经济、社会发展的视角来看，这是一个需要人才的技能。"核心能力"这一概念被引进到教育领域，并非对基础教育的改革，它更适合与经济、社会发展紧密联系的专业训练。由于核心能力的内涵是一套知识、技能和态度的综合，它对每个人在经济社会中的发展、融入社会、有能力工作都是必不可少的。

1. 从素质教育到素养教育：教育本质的新探寻

20世纪80年代，素质教育被引进。在这种思想指导下，中国的优质教育已经初见端倪。21世纪是一个具有远见的战略问题，也是当今世界面临的挑战。2014年，教育部印发《关于全面深化课程改革和落实立德树人根本任务的意见》，提出：教育部将组织开展调查，构建针对不同层次的学生发展的核心质量体系，并明确培养符合终身发展要求的学生必备的基本素质和主要能力。应该说，从素质教育到素养教育，教育的目的越来越明确，教育在人的发展中所起的重要作用，使人们认识到，教育不仅是知识的传递，更是人的发展。正因为如此，怀特黑德（Whitehead）说："教育就是把自己在学校里学到的知识都遗忘了。"社会适应力是一个人的综合和清楚的体现。从社会需要和人性发展的观点出发，揭示、测试和发展个体行为的能力。作为最直接、最贴近经济教育方式，职业培训也存在着"谁来培养"的问题：学员的技能训练要与现代企业的素质相匹配。

2. 从知识本位到素质本位：人才培养规格的具体化

从"知识标准""能力标准""技能标准"到"质量标准"，是新课改的重大成果。中职教育课程的推行，已不仅是单纯的获取知识，更应注重培养技能、态度、情感和价值观，以提升技能的获得。现在的教师都习惯从知识、技能、情绪三个方面来安排教学和训练。但是，这仅仅是一个基础的、循序渐进的学校教育，并非人生的目的。在步入社会后，学生还需要花费更多的时间去发展和提升自己。基于此，本书提出了"学生发展核心能力"的内涵，即"知识""技能""情感""态度""价值观"等要素的综合体现。当然，就学校教育来说，要从不同的教育层次、不同的教育类别、不同的课程来实现学生的核心能力的培养。要把核心能力训练理念落实到中职教育与训练中，就必须充分考虑中职学校自身的特征，充分反映中职学校的办学特色。

3. 从核心素养到职业核心素养：职业情境中的社会实践呈现

从终身教育与终生学习的观点出发，未来的职业与社会生活是学校教育的继续，是"核心能力"中最为活跃、最为复杂的一种社会实践活动。所以，"专业素质"是指在特定环境下，人们所接受的核心素养的具体体现与衡量。因此，在不同的教育阶段，不同的教育模式下，对学生的核心能力的关注与需求也不尽相同。比如，小学更注重培养学习的态度和习惯；中职学校更注重培养一些基础的工作技巧和一些简单的社会工作。当然，由于不同的学历类型，中职院校对"工作意识"的核心素养有一定的需求。中职教育应该为学生提供有目标的职业生涯。

在工作环境中，合格的工作需要通过"职业行动"来体现，而其能力的衡量则是他们的专业素质。所以，在未来的职场中，把"职业素养"作为一种"核心素养"，具有现实意义。在一些把"职业素养"作为职业学校德育的一个重要组成部分看来，这是一种在教学实践中"亲密"的表现。"专业素质"是中职学校"核心素质"中的一种综合素质，包括专业态度、专业知识和专业技术。《中国学生发展核心素养报告》的基本框架和内容要求，是对中职生核心素养进行深入研究的基础。

三、现实依据：社会经济发展及行业企业的人才需求

长期以来，我国部分中职教育以学科为本位，只注重中职生的专业理论知识和专业技能培养而忽视职业道德、思想品质素养教育，使得部分毕业生缺乏社会

责任感与踏实认真的工作态度，与现代社会经济发展甚至行业企业对职业教育的人才培养要求不相适应。在这种情况下，"以就业为本、以服务为目的、以能力为中心"的中职教育改革必然要以"以企业为本"为前提，而社会、经济发展和行业企业对专业人才的具体素质要求理应是构建中职生职业素养评价标准体系的重要现实依据。

（一）现阶段我国经济社会的发展对职业人才素质的需求——培养现代社会人

中国的工业和社会发展都在发生着巨大的变革，新的产业也在不断地发展。从传统的第一、二产业逐渐转向了现代的第三产业，即现代服务、知识产业。与此同时，由于企业的生产自动化和市场运作的日益激烈，工业结构也在不断地转换和优化，生产现场的工作环境和劳动需求、服务和管理都发生了巨大的变化：以智能技能的操作取代了以简单的体力技能的操作。在各个产业中，个体的专业活动和工作日益复杂化。

随着中国现代化建设的不断推进，中职生的思想观念、素质都在不断地向现代化发展。为此，应对中职教育与训练评价标准进行适当调整；职业教育既要体现出社会发展对学生的社会功能和素质要求，也要体现职业生涯、权利和声誉等方面的价值取向和个人发展的需要。总之，要使中职生的素质教育更好地适应现代化的要求，就必须摆脱"以智为本、以德为本、以技为本"的教学模式。

中职学校毕业生的就业去向一般是生产、经营、服务、管理第一线岗位，是社会主义经济建设和心理文明建设的主阵地。因此，我国经济社会的发展也就必然对中职学校提出了"培养现代社会人"的共性化要求。

首先，要求中职生掌握社会道德规范和法律法规。人类为了共同社会生活的需要而制定了社会规范，作为社会人的中职毕业生，在进入社会前必须对这些社会规范有一定程度的理解和掌握，这是帮助他们适应社会生活的第一步。而中职教育具有促进学生社会化的重要职能。当前中职教育是中职后教育，在校的学生大多处于 15～17 岁，正好是青少年形成人生观、世界观和价值观，由自然人向社会人过渡的关键年龄段，因此，需要加强他们的成人教育，重视对中职生的社会道德规范和法律法规素养的教育。

其次，要求中职生具有社会责任感和角色意识。每个人在社会中都要扮演多种角色，其所具有的一定的社会责任感、角色意识是其社会化程度高低的重要衡量指标。个体的社会交往活动是其社会角色意识和责任感形成的重要途径。中职学校作为专门的职业教育机构，有其独特的组织形态、科层结构和制度文化等，是社会各种关系的缩影，对身处其中的中职生的社会化更具有独特教育性和促进作用。在中职学校的教育教学、实训实践、社团活动等过程中，学生不断扮演着各种角色，与教师、同学、工作岗位的师傅、顾客以及社会上的各种人等进行着不同的交往活动，从而培养着自己不同的角色意识和社会责任感。

最后，要求中职生具有作为社会公民应该具有的行为习惯素养。人作为存在于社会的个体，言谈举止、行为习惯总有其独特的人格化特征。但是，人在参与社会生活、与其他成员交往的过程中，总要受制于约定俗成的规范或风俗习惯，这就需要个体的行为习惯符合社会公众规范要求。社会共同生活需要个体掌握作为一个社会公民所必需的行为习惯素养。个体行为习惯素养是社会规范在个体身上的内化。中职学校教育是有目的、有计划、有组织的专门化教育，因此在中职学校加强对中职生行为习惯和公民素养教育是十分必要的。

（二）企业用人单位的职业标准及对中职生的岗位素养需求——培养现代职业人

作为用人单位的企业对职业教育人才素质培养的普遍需求非常明确，那就是"培养职业人"。而当今社会处于日新月异的发展变化之中，伴随着经济、社会的发展进步，行业企业的职业岗位也必然处于变动之中。因此，工作岗位和职业对人的素质要求也会发生变化，这就要求中职教育的人才培养目标要求随之进行相应调整，确保毕业生的专业素质与用人单位的需求同步。企业和用人单位对中职生的职业素质要求，应成为中职质量评价和标准建设的客观现实依据。

笔者对所属地区公司用人单位的人事部门负责人进行了一项专项调查，公司的有效回收率为100%，以考察公司用人部门最欣赏的中职生的职业素质。结果表明，在问卷中列出的20种职业素养中，公司和用人单位职业素养的五个最重要指标最受关注和重视，职业素质（62.5%）、职业行为习惯（44.8%）、职业信念（39.6%）、职业心理和意识（38.5%）和职业关键能力（36.7%）。

从上面的调查数据可以看出，当前企业用人单位日益意识到员工职业素养对企业发展的重要价值，所以非常看重中职生的一些非认知和技能的素养，而侧重对中职毕业生的情商、职商的考查。因此，可以说重视对中职生职业道德、职业意识、职业关键能力等基本职业素养的培育是当前企业用人单位对中职学校教育的现实诉求。

1.要关注企业对中职毕业生职业道德人格提升的需求

职业教育的主要职责在于为中职生就业、创业和职业生涯发展奠定基础。个人的职业道德修养是一个人的职业生涯中的一种具体表现，而一个人的职业道德修养的好坏，是一个人的职业成败的关键因素。职业道德在中职教育中具有举足轻重的地位。从个人的职业心理结构上，有的专家认为，职业道德人格是指职业道德认知、职业道德情感、职业道德意志力、职业道德行为力。因而，从职业道德认知水平到职业道德情感的提升，再到职业道德意志力和职业道德行为力培养，都是学校职业道德教育的重要目标。而且，职业道德人格水平主要是通过职业道德行为体现出来的，因此，企业用人单位更看重中职生职业道德行为能力的养成，要求中职学校重视中职生的基本职业态度和行为习惯的培养。

2.要重视企业对中职毕业生职业能力素养培养的需求

对职业能力内涵的理解见仁见智。中国职业教育与训练专家蒋大元认为，职业能力包括职业能力、方法能力、社交能力，是职业人员在职业生涯发展过程中所需要的重要能力。在此基础上，将关键能力因素定义为关键能力表现，其主要内容有社交沟通与协调、适应与挫折、解决问题与执行、创意思考与判断、资讯处理与学习、语言表达与沟通、实际运用与实践、自我管理与管理技巧等。目前，企业对中职毕业生不仅要具备文凭、技能证书，还要具备一定的职业道德和品德素质。在企业和老板最赞赏中职生的专业能力和品质：适应和承受挫折、工作和实践、表达和交流、处理和学习信息、创造性思考和判断能力五个方面，中职学校在制定中职教育评价和评价标准时，必须重视培养中职生的专业能力，这是中职教育的一个重要特点。

3.要关注企业对加强中职生职业理想与信念培养的需求

职业理想与信念是个体基于一定职业价值观的、对未来职业的职业种类、职业方向、职业成功的向往与追求。实现职业理想，需要从感性到理性，从抽象到具体，从不稳定到稳定。中职生的自我意识发展较快，他们具备一定的科学与文化知识，具备较强的综合分析和逻辑思考能力，对自己的事业进行了积极的调查，对自己的事业进行了评价。在此紧要关头，学校要重视中职生的意见与训练，将会帮助他们尽早累积经验，提升自己的专业能力，展现自己的人格魅力，从而实现人生的价值。企业用人单位最为看重的中职生的职业理想与信念素养中，排列在前五位的要素是职业目标定位、职业认同、职业生涯规划、职业信念与职业价值观。企业人事部门负责人代表一致认为，在中职阶段加强对中职生的职业理想与信念教育，对于帮助他们走上工作岗位后正确地分析自我、认识职业、了解行业企业及社会有重要意义。而且，实践证明，中职毕业生的个人技能、职业理想和职业状态要达到最佳的融合和有机的统一，才能实现自己的理想职业；只有中职生的职业理想是与社会的需求、社会的整体理想相一致的，坚信自己具有成为一名专业人士的专业素质，并且肯下苦功，才能实现自己的职业理想，达到事业上的成功。中职生的专业素质评价是建立在科学、合理的职业理想的基础上，并根据企业和用人单位的职业理想需求来建立的。

4.要重视企业对加强中职生职业意识培养的需求

职业认知是职业人员在职业生涯中所具备的基本职业知识、职业评价、职业情感、职业态度等多种职业心理因素的综合体现，在管理个人的各种专业行为和活动中扮演着重要角色。职业观念的形成，不仅关系到个体的择业取向、职业选择，也关系到整个社会的就业形势，因而也越来越受到企业的重视。公司的老板经常会说，最重要的是在中职学校里，中职生有没有合作意识、责任感、效率、法律意识和创业心理。同时，中职生的职业观念与他们的职业选择、职业准备也有很大的关系。中职生在完成学业后，可以选择适合自己特点的高收入的工作。但是正如调查访谈时许多企业用人单位人事部门负责人所言，在现实生活中，很多的中职生"高不成低不就"，对自己的能力结构、素养水平与所选择职业的匹配意识非常模糊，不知道自己到底会干什么、能干什么、该干什么，无法对自己的职业有合理的定位，从而难以在激烈的职业竞争中争得一席之地。因此，中职生职业素养评价及标准的建构需要注意正确引导和帮助中职生树立职业意识，以期为中职生毕业后的职业成功奠定基础。

总之，中职学校培养的毕业生的知识、能力，特别是职业素养能否满足市场需求，能否让用人单位满意，是目前衡量中职人才培养质量的通则。根据上面的描述，概括起来看，新时代的企业用人单位对中职人才基本要求、最期待的要求是有合理的知识结构，职业核心素养和能力。企业用人单位日益看重中职人才的可持续发展，而且，企业用人单位的人才需求日益显性化，这些都需要我们在进行中职生职业素养评价及标准体系建构的过程中，予以高度关注。

四、主体依据：中职生身心特征及发展需求

（一）要关注中职生身心发展水平及整体生源特征

中职学生的身心发展水平、中职学校生源状况是制约学校发展的主要原因。随着中职生素质的逐渐转变，其质量发展的目标与评价标准也相应地发生了变化。虽然他们的生理发育已趋于成熟，但是他们的心理发展还处在一个重要的时期，部分中职生还处于心理叛逆期。其人生理想、信念、价值观还处于形成之中，对社会、对他人、对自己的认识和了解还不太全面，道德认识、情感、意志和行为还没有完全统一，特别是在日常行为习惯的自觉性、坚韧性、自制性和果断性方面的修养还不够完善和稳定。

从中职教育与培养的个体特征来看，中职教育与训练是其专业技能与职业认知发展的最好时期。在现阶段，提高中职生的职业情感与态度、职业意识与技能、职业认知与职业生涯规划具有重要意义。从中职教育生源总体特征上看，20 世纪八九十年代由于当时的国家统招统分政策，录取的都是相对较好的生源，因而，生源素质水平普遍较高，表现为人格成熟、文化学习知识基础扎实、学习习惯良好、学习态度认真自觉，具有良好的人生观、世界观和价值观。而现阶段的中职学校生源总体情况较为复杂。招收的大多是初中毕业生，年龄在 18 周岁以下，且总体生源质量落后于普通高中学校的生源。中国职业技术教育学会德育工作委员会 2018 年曾在全国进行过"社会企业用人单位对中职学校德育要求的问卷调查"。从整体上看，中职毕业生在公司的整体素质还不够成熟，文化、学习知识的底子比较弱。这为构建中职生的专业能力评估与标准体系具有一定的现实意义。

（二）要关注中职教育对学生职业素养发展的需求

教育的任务是培养和推动人类的发展，同时也是对专业的培训。中职教育的实质在于培养人的全面、协调发展。从教育职能上看，中职教育具备了"综合教育"的全部教学属性。中职教育既要以服务中职生的就业为目的，又要以"基础教育"为目的，为培养中职生的综合素质与人格的培养提供长期的保障。就教育的性质而言，中职教育具有特定的基础教育性质，其必然要为中职生的终身可持续发展奠定良好的职业素养基础。就教育对象角度而言，中职生各种潜能还未能得到充分显示和发挥，要避免其过早的专门化，要使其全面、协调地发展，

使其能够更好地适应今后的就业需求，就必须加强对学生的专业训练。在教育内容方面，从"知识标准"、工业经济时期趋向"技能标准"，到与社会高科技、学习、计算机科学和全球一体化的发展趋势相适应的"质量标准"。从专业分析的观点来看，从事专业工作的人，除了具备一定的专业知识、技能外，还必须具备一种积极的工作态度，而职业能力、职业态度均属于职业素养的范畴。

当前我国部分中职教育受工具理性的影响，有功利化操作的倾向，表现在学生评价范畴有"知识本位""技能本位""能力本位"的倾向，导致中职教育偏移了培养目标的本质追求，但是，根据对江苏地区中职学校校长和教师的专项问卷调查统计结果表明，广大中职教育工作者心中依然有着自己的"教育乌托邦"，并没有放弃对中职教育目标的理想追求。虽然调查统计结果表明现实中的大多数中职学校还没有建立学生职业素养评价指标体系，但广大一线的中职学校校长和教师还是普遍认为中职学校加强对学生的职业素养教育非常重要。

（三）要关注中职生对自身职业素养发展的需求

坚持"素质本位"价值理念的中职教育以追求学生的全面和谐发展为宗旨。这是职业教育发展的应有之义，同时也是受教育者人自身内在本质要求。然而，值得我们深入思考的是大多数中职生认为"对一个人的终身职业发展而言，职业知识技能比职业素养更重要"，而同时在"你认为当前对中职生的职业素养综合评价比单纯的专业知识与技能的考核更重要吗？"的选项中，大多数人认同综合素养评价"更重要"。这也从另一个侧面反映出，处于中职阶段学生的评价事物的价值观的不稳定性。这充分表明，当今企业社会用人单位均将"职业素养"作为选聘招工的"第一标准"，也将之看作广大中职生向"职业人"顺利转变、实现终身发展的重要条件。因而，发展性学生职业素养评价的理念要求我们在进行学生职业素养评价及标准的建构过程中，既要充分考虑到学生的职业素养与中职学校培养目标及企业用人需求相匹配，还要根据中职生终身发展需求构建科学、合理的职业素养评价指标体系，以促进中职教育的改革与发展。这对于保证中职毕业生顺利求职、就业、从业和立业，实现人才供需双方顺利对接，实现中职毕业生职业生涯的可持续发展，具有重要的现实意义。

第二节　中职生职业核心素养评价指标体系的构建

以职业素质结构的研究成果为依据，结合新的教学目标分类理论，建立了中职院校学生的专业素质模式，并运用了目标要素分解法和德尔菲方法。中职教育与培养中小学生职业素质结构的基本因素包括专业知识、专业技能、职业信念、理想、价值观、人格、态度、情感、道德、关键职业技能、基本职业意识、职业行为习惯、兴趣、职业规划、职业认同。本书试图对中职院校的核心专业素养进行评估。虽然上述研究结果显示，从理论与公司的现实需求出发，职业素质的四大基本要素：职业理想、职业人格、职业意识、职业技能素质，是个体从事职业活动、完成职业任务、谋求可持续职业发展的最根本的、最重要的素质，职业素质的四大要素能否成为衡量职业素质的"第一指标"。在此基础上，对中职院校学生的核心专业素养进行了第二层次的评价，并提出了相应的专家建议，并运用德尔菲方法对其进行验证。

一、中职生职业核心素养评价一级指标体系的构建

为了确认职业素养最为基本的核心要素的科学性与合理性，需要第二次运用德尔菲法，借鉴上文基于企业视角的职业核心素养调查分析结果，进行职业素养核心要素的聚类、合并和论证，从而确定出中职生职业核心素养结构的一级评价指标体系。分三个步骤进行。

第一步，随机抽样选择了笔者所在地区的企业用人单位人事部门负责人代表15名，中职学校教师代表15名，已就业的中职学校毕业生5名，组成专家咨询组（共35名）。

第二步，编制专家咨询表格。将中职生职业素养基本要素分别列出，提供给专家进行首轮专家咨询。由专家按照其所认为各要素在总评价目标——"职业素养"中的重要性程度做出客观评价，并提供开放性选项，由专家自主表达观点，提出修改意见。专家对初拟的中职生职业素养基本要素选项中的"职业知识""职业技能""职业态度""职业道德""职业关键能力""职业理想""职业人格""职业意识"等的评价态度较为一致，认同这些要素在中职生职业素养结构中更具有相对重要性。而专家组对其他要素选项评价观点的统计结果表明，诸如"职业信

念""职业情感""职业行为习惯""职业兴趣""职业价值观""职业性格""职业生涯规划"及"职业认同"等要素，其对中职生职业素养构成具有"较为重要性"，但不宜作为职业素养结构的一级指标，需要与其他要素选项进行相应聚类、合并。

第三步，将首轮咨询结果的统计表提供给专家组，进行第二轮专家咨询。综合以上两轮专家咨询趋于一致的意见，确认中职生职业核心素养评价标准体系一级指标为职业理想素养、职业人格素养、职业意识素养和职业关键能力素养等四方面，因此，由这四方面核心要素构成中职生职业核心素养评价一级指标体系。

二、中职生职业核心素养评价二级指标体系的构建

第一步，遴选咨询专家。对参与的35位专家的合作程度与积极性进行了评估，这是专家咨询成功的前提。主要依据参与第一次一级指标专家咨询筛选的两轮问卷回答情况进行评价，计算有效咨询表的专家占全部专家人数的比例，经过统计发现，首轮与第二轮专家咨询的有效回收率为100%。专家积极性系数＞90，且每位专家均给出了指标修改意见，完全符合德尔菲法的要求。

第二步，向专家发放"中职生职业核心素养评价二级指标专家咨询问卷表"，由专家匿名、独立完成咨询表，并在表中空格处自由表达修改或增删指标的意见。

第三步，回收并统计二级指标专家咨询问卷表。

第四步，根据第一轮专家咨询意见，"职业知识"项本身选择比例较低，且专家意见一致建议不宜放在此类别，故将此项删除；"职业选择与目标定位"拆分成两项，将"职业认同与期待"与"职业选择"项合并；将"职业信念"与"职业价值观"项合并；"职业操守""职业伦理"二项选择比例也相对较低，其内涵也较为抽象、笼统，且与"职业道德"项部分重复，故根据专家建议与"职业道德"项合并；"职业荣誉"得分较低，专家意见不统一，故删除之；将"法律法规意识"改成"法律规则意识"。

35位专家对中职生职业核心素养评价的二级指标要素的观点趋于一致，无人选择"一般""不重要"和"很不重要"选项，专家咨询表回收率100%。

第三节 基于 AHP 的中职生职业核心素养评价指标权重体系建构

借助 AHP（层次分析法），构建了中职生职业核心能力评价的权重指标体系。为了提高工作效率，笔者选择了目前较为先进的 yaahp 层次分析法处理软件进行统计数据处理。yaahp7.5 是一款功能强大且先进的层次分析过程实用软件，可使用层次分析过程为决策过程的模型构建、计算和分析提供有效帮助。

一、职业核心素养评价标准指标权重体系分析的层次结构模型建构

运用 yaahp7.5 软件进行评价指标权重系数的分析，需要建构层次结构模型。

（一）建构层次结构模型

决策问题可划分为三个层面。职业教育的最高层面是目标层面：中职院校的核心专业素养。中层为标准层面：职业理想、职业人格、职业意识、职业技能。最基本的层面：职业认同与选择、职业目标和期望、职业信念与价值、职业计划、职业伦理、职业情感、职业态度、职业心理、职业性格、职业兴趣；主观责任感、自律自强、质量效益、主动服务、团结合作、竞争创业、法治、环保安全、协调与沟通技巧、社交沟通技巧、适应性和挫折容忍能力、自我管理与控制技能、信息处理与学习技能、创造性思维与判断技能、解决问题与执行技能、演讲与操作技能。

（二）绘制"权重分析层次结构模型"

运行 yaahp7.5，使用软件绘制层次结构模型功能，绘制"中职生职业核心素养评价标准指标体系的权重分析层次结构模型"，将以上各层指标要素之间的关系用相连的直线表示。

二、职业核心素养评价标准指标权重体系分析的群决策管理

选择企业用人单位代表、中职学校教师代表和中职毕业生代表共 35 位专家进行"中职生职业核心素养评价标准指标体系的权重判断分析"，需要运用 yaahp7.5 软件的群决策功能。

第一步：切换软件功能到判断矩阵输入页面，打开"群决策"支持菜单通过单击"群决策"功能板中的"群决策"工具，打开当前文件的群决策支持菜单。

第二步：编辑专家信息数据，对参与咨询专家进行信息数据管理。

群决策中的每套调查数据均被称为一个专家的数据，开始群决策前必须编辑专家信息数据。在群决策控制面板上，通过"添加专家／删除专家"工具来增加或删除咨询专家，并且通过选择"指定专家权重"选项来开启自定义的特别专家的权重。

每添加一名专家，群决策功能板中的专家列表栏中需要输入的专家信息有"专家参与情况""专家身份""专家权重""专家状态"等。

第三步：职业核心素养评价标准指标权重体系专家调查问卷的生成与发放。

为了获得各级指标的权重，可利用 1 ：9 比例标度和两两比较判断构造判断矩阵的方法，设计出专家调查问卷，分别对专家组进行问卷调查。本研究运用 yaahp7.5 软件的群决策支持功能，可以生成专家咨询调查问卷。软件生成专家调查表的前提是已创建正确、完整的层次结构模型。

具体方法：在"层次结构模型"页面，使用工具组中的"检查"工具对已生成的中职生职业核心素养评价层次结构模型进行检查。检查通过后，执行"文件"菜单→"调查表"命令，在其功能窗口生成调查表操作界面。分别输入专家调查表的标题、调查表摘要，设定调查表使用说明，并设定调查表内容及感谢语。然后，再选择"输出文件类型"为 PDF 格式和"生成调查表"按钮，自动生成专家咨询调查邮件。

分别向 35 位经过遴选的企业用人单位代表、中职学校教师代表和中职毕业生代表发送专家咨询问卷，由专家根据咨询软件生成的问卷进行自主判断。

第四步：职业核心素养评价指标权重体系专家判断矩阵的数据输入。

根据层次分析法原理，通过相互比较确定各准则对于目标的权重，及各方案对于每一准则的权重。这些权重在人的思维过程中通常是定性的，而在层次分析法中则要给出得到权重的定量方法。yaahp7.5 软件通过群决策控制面板。

在专家列表上单击某专家，相应地可以将此专家咨询的数据录入判断矩阵。判断矩阵数据的录入形式有三种：判断矩阵形式数据录入、文本形式数据录入和自定义（客观）数据形式录入。

根据此方法，通过专家咨询，获取专家的实际判断数据。将回收的专家咨询调查问卷数据全部录入软件，构造判断矩阵。

三、职业核心素养评价指标权重体系的一致性检查及计算结果导出

专家群决策咨询数据全部录入层次分析软件后，需要对判断矩阵进行一致性检查后，才能进行具体的权重系数计算。

（一）职业核心素养评价指标权重体系专家判断矩阵的一致性检查分析与调整

自动一致性调整和残缺判断矩阵的补全办法如下：

首先，展开"一致性检测"菜单，在"计算选项"→"一致性检测"工具组中，选中"检测次序一致性"和"检测基本一致性"选项，就可以对检测次序一致性和检测基本一致性进行设定。

其次，可以在判断矩阵界面，调整判断矩阵中的两两比较数值，使至少一个判断矩阵不满足一致性比例要求，即在标记自动调整一致性后的"层次结构树"中，至少有一个节点的图标为网络打叉的状态。标记自动调整一致性调整后，计算排序权重时，将首先对不一致的判断矩阵进行自动调整，然后再计算权重。

另外，这一阶段还需要对残缺的判断矩阵进行自动补全操作。在判断矩阵界面，将判断矩阵中的一个两两比较数值设定为"不能确定"，使至少一个判断矩阵数据不完整，在"层次结构树"中，至少有一个节点的图标为网格打叉。标记自动补全残缺矩阵后，计算权重时，软件将首先对残缺的判断矩阵进行自动补全，然后再计算排序权重。

（二）职业核心素养评价指标体系权重系数的计算结果与数据导出

层次分析法的最终权重系数的计算是将方案层对准则层的权重及准则层对目标层的权重进行综合，最终确定方案层对目标层的权重。yaahp7.5软件将此功能集成在计算结果界面。

为此，先关闭一致性检验。打开"计算选项"工具条→"一致性检测"工具组，设定"检测次序一致性"和"检测基本一致性"均为未选中状态。选择计算结果界面，进行权重计算，显示总排序权重，还可以显示子目标排序权重的计算及详细计算结果。然后，将权重计算结果的数据导出。切换到计算结果界面，使"主页"工具条→"计算结果"工具组→"数据导出"工具变为可用状态，单击"数据导出"按钮，将权重计算结果导出为 PDF 或 Excel 格式文件。

第四节　中职生职业核心素养评价指标内容分析及评定标准体系建构

在掌握了企业、教师和中职生不同主体对中职生职业素养的不同需求基础上，根据中职培养目标，综合运用目标分解法和德尔菲法，从内隐素养和外显素养两个维度，对中职生职业素养构成要素指标进行了分析与筛选，确定了职业知识、职业技能、职业行为习惯、职业仪表形象、职业理想信念、职业道德人格、职业基本意识、职业关键能力等八个基本素养构成要素指标，据此，构建了中职生职业素养"轮台套筒式结构模型"。再根据此模型，选择内隐素养作为中职生职业素养评价的核心素养，从内隐素养结构的一级指标"职业理想""职业人格""职业意识""职业关键能力"这四个维度，结合企业对中职生职业核心素养需求的调研，确定出"初拟中职生职业核心素养评价要素指标（二级）"，再次运用德尔菲法将两轮专家咨询和指标进行筛选，从而确定出"职业认同与选择""职业目标定位与期待""职业信念与价值观""职业生涯规划""职业道德""职业情感""职业态度""职业心理""职业性格""职业兴趣""主体责任意识""自律自强意识""质量效益意识""主动服务意识""团队合作意识""竞争创业意识""法律规则意识""环保安全意识""服从大局意识""协调沟通能力""社会交往能力""岗位适应与耐挫能力""自我管理与控制能力""信息处理与学习能力""创造思维与判断能力""问题解决与执行能力""语言表达与操作能力"等27个二级指标，完成了中职生职业核心素养的指标体系建构。现将职业核心素养评价一级、二级指标的具体评价内容以及素养评价指标的评定标准（即二级指标的评价观测点。也可称为三级评价指标）体系建构如下。

一、中职生职业核心素养评价一级指标内容分析

本研究构建的中职生核心职业素质评价指标体系包括"职业理想、职业人格、职业意识和职业关键能力"四个一级指标，这四个指标相互作用，有机统一。其中，职业理想是个人职业成功的前提和方向性表现，职业人格是个人职业生涯成功的核心表现，职业意识是个人职业成就的根本表现，职业关键性是个人职业成败的关键表现。

（一）职业理想素养（A）

职业理想是指个体在特定的生活价值基础上，对职业的方向、类型、职位和发展目标做出综合的计划和构想，是一个人对自己发展程度和对自我价值实现的憧憬和向往。职业理想是一个人的专业价值的体现，是一个人对事业选择的直接导向。因而，与专业信念相比，职业信念更为丰富、具体。

职业生涯的选择、理想的人生目标与人生规划都是一种自我理想的自我检讨，它是建立在对自己的认识基础上，为自己的事业设定目标，为自己的事业发展提供依据。首先，理想的事业不仅是一种事业上的追求，而是一种可以实现的、有前途的。追求和机遇的结合是一种职业理念。其次，理想是从现实出发，从自身的实际出发。然后，个人要全面地思考自己的经历、现状、专业技能、兴趣和意愿，把现实与未来结合起来，为自己的工作设定方向和目标。而职业理想又是一种主客观需要相结合的辩证关系。这既是社会发展的客观需要，也是人们为实现这一需要而奋斗的主观意愿。

职业理想的内涵：职业选择与目标导向、职业认同、职业信念、职业价值观、职业规划。从根本上说，职业理想是一个人的专业愿望和需要，但是不是一种虚幻的幻想，是建立在个体对未来发展的客观现实的基础之上的。职业理想是一种具有时代特点的社会意识。职业理想的发展与个体的不同在于其职业生涯的设计；职业理想是一种对未来社会生活的美好憧憬，对人生价值的实现有着重要的指导作用和启迪作用，特别是职业理想对个体的职业选择与发展具有导向、调节和激励功能。正如尼采（Nietzsche）所言，人唯有找到生存的理由，才能承受任何境遇。正确的人生理想目标及信念，无论是对中职生正确处理择业问题、职业生涯还是未来人生价值的实现，均具有十分重要的指导意义。

（二）职业人格素养（B）

职业人格是指个体在的教育、生活中所养成的一系列人格特点，以适应特定的专业活动为特点。专业人格是指作为权利、责任对象的专业人员所具有的基本人格和心理状态。它是特定政治制度、物质经济关系、道德文化、价值取向、心理修养、理想情感和行为的综合。

具有良好专业素养的人，要具备扎实的人格。有好的专业品质的人，一般都是有明确的专业操守的。职业人格是职业思维、职业情感、职业行为的一种特殊的综合性模式。这是一个具有相对稳定的职业心理特征的组织结构。因而，职业人格素养主要包括职业性格与兴趣、职业情感与心理、职业态度与道德等方面的素养。

（三）职业意识素养（C）

职业意识是指个体作为专业人员的最根本的认识，是一个人的基本认识、情感、态度以及其他的心理因素的综合体现，在个体的专业和工作环境中起着很大的作用。其主要内容：责任、自律自强、质量效率、团队合作、主动服务、顺应大局。职业观念的形成并非一朝一夕，而是一个由模糊到清晰、由不稳定到稳定、由遥远到近处的转变。职业观念的形成，直接关系到个体的就业、工作方向，也关系到整个社会的就业情况。

（四）职业关键能力素养（D）

职业关键能力是指个体在工作中的智力、情感和意志等方面的综合素质的外在体现。其中，基础能力包括思维、判断、自我调节、口语、写作、算术、电脑操作等。职业的工作和全面的职业能力都是与职业活动有关的。所以，有些专家把它归结为职业技能和重要的职业能力。职业能力与职业岗位的关系非常密切，特别是对工作任务的了解与分解，对工作流程的掌握，以及对业务的处理能力。

二、中职生职业核心素养评价二级指标内容分析

（一）职业认同与选择（A1）

衡量职业选择合理性的最根本标准应该指的是个人的身体素质、性格特征、知识和技能、兴趣和爱好是否符合所选职业的要求。简而言之，主要考察所选择的职业是不是你感兴趣的职业，是否选择了自己擅长的职业，是否选择了能够适应的职业，对符合社会需求的职业选择是否有看法，对与"工作匹配"相对应的职业选择是否有看法，以及是否有助于自我发展的职业选择愿景。

（二）职业目标定位与期待（A2）

衡量职业目标定位的一般标准：是否有终极职业目标追求和梦想，是否有明确的五年职业目标规划和愿景，是否有短期目标规划和规定，是否有全心全意的梦想实现。

（三）职业信念与价值观（A3）

目前国内测评职业价值观的工具很多，但良莠不齐。更合适、更科学的评估工具是施耐德的职业锚和舒伯的劳动价值观量表。衡量个人职业信念和价值观的基本标准：个人是否有明确和不可动摇的职业信念和愿望；职业价值观是否符合

社会现实，工作的重要性和价值是否能够得到明确承认；是否能够理解自己在业务链中的价值；是否有勇气承担责任；是否尊重他人，学会宽容；个人是否能够经常回顾和反思自己的职业价值观。

（四）职业生涯规划（A4）

衡量个体职业生涯规划能力水平的标准：检查职业规划的目标和措施是否一致，职业目标或措施的挑战和激励是否适当，个人和公司的目标是否协调，是否能够全面分析和评估自己，是否能够充分了解职业和职业环境，是否找到了个人和职业的最佳组合，以及是否能够在实践中不断被审查。

（五）职业道德（B1）

衡量职业道德的最基本的准则：是否具有可靠的品质，如尽职尽责、勇于担当、爱和奉献、诚实守信和绝对忠诚。其中，爱和奉献是人们以尊重和认真的态度对待自己的职业，对自己的职位充满热情，积极工作，认真、细致地履行自己的义务的职业行为。爱和奉献质量的观察指标：是否有认真、努力、勤奋的态度，从不懒惰、邋遢、肤浅和堕落。诚实守信是与人打交道的基本原则，是从业者对社会和他人的义务和责任，也是在职业活动中处理人际关系的道德原则。诚实守信质量的观察指标：我们能否做到言行一致。

（六）职业情感（B2）

衡量职业情感的基本标准：是否对自己的职业感到满意，是否偶尔对工作有激情，是否始终保持积极乐观的情绪，是否热爱自己的工作，是否在工作中有自我价值感等。

（七）职业态度（B3）

衡量职业态度的一般标准：个体是否具有尊重和认真的态度、对工作的热情，是否能够认真履行其义务，是否有认真和细致的职业行为，是否有认真、努力的工作态度。

（八）职业心理（B4）

衡量个体职业心理可以从奉献心理、进取心理、敬业心理及创新心理等维度来考量，基本标准：在工作中是否能一丝不苟地做事，是否能细心并不断改进，是否有好奇心和求知欲，是否能积极学习、不断改进和发展，是否有很好的发现问题的心理取向，寻求创新和变革，积极研究他们是否能够独立和创造性地解决问题。

（九）职业性格（B5）

目前，在中国使用最广泛的职业人格测量量表是基于约翰·霍兰德和卡尔·古斯塔夫·荣格（Carl Gustav Jung）的心理类型理论，主要包括卡特尔 16PF 量表、迈尔斯·布里格斯类型指数（MBTI）。衡量职业人格的一般标准：是否存在积极稳定的职业性格取向；是否具有符合所选职业要求的职业性格特征；能否不断加深自己的专业理解，不断提升自己的专业素养。

（十）职业兴趣（B6）

目前国内测量职业兴趣的量表主要包括霍兰德兴趣量表和斯特朗兴趣量表等。衡量个体职业兴趣品质的一般标准和要求：是否有积极的职业兴趣、广泛的职业兴趣、中心的职业兴趣、稳定的职业兴趣和实际的职业兴趣。

（十一）主体责任意识（C1）

衡量责任感的一般标准：能否在工作场所出色地完成工作；在没有旷工的情况下承担责任是否良好；是否能避免在工作中打破责任链，愿意承担责任而不责备他人；是否能对个人行为负责，承担责任；是否能够主动承担问题的责任。

（十二）自律自强意识（C2）

衡量自律自强意识的一般标准：是否有自我控制、自我管理、自我教育的意识以及对生活和工作习惯的严格要求；是否有自制、自律的心理表现，有内省和自信；是否有积极进步的心理状态，不想落后和自我完善。

（十三）质量效益意识（C3）

衡量质量效益意识的一般标准：是否有"将产品质量视为公司的生命"的意识，以及"降低成本和提高效益"的意识和习惯；是否具备"三个方面"（全面、全员、全过程）的质量管理意识；是否能够有意识地结束短视的利益，并提高人们对废品缺陷等同的认识；是否能有意识地克服工作心理、惯性心理、比较心理和嫉妒心理，以减少对工作的负面影响。

（十四）主动服务意识（C4）

衡量主动服务意识素养的一般标准：能否主动改善服务态度，提供满意的服务；能否充分理解主动服务的价值和重要性；能否做到"服务无小事"，从细节体现周到优质的服务；是否可以经常提供附加服务；是否能正确处理顾客的投诉等。

（十五）团队合作意识（C5）

衡量团队合作意识的一般标准：能否确定团队价值观，能否确定团队目标；是否能自觉服从团队领导；是否能够执行任务；能否积极融入团队，平等对待其他团队成员，相互理解和尊重，相互合作和帮助；是否始终忠于你的团队，拥有强烈的归属感和集体荣誉感。

（十六）竞争创业意识（C6）

衡量竞争创业意识的一般标准：是否具有勇争一流、超越自我的心理需要和冲动，是否具有积极进取的心理状态，是否具有自主创业的愿望与打算。

（十七）法律规则意识（C7）

衡量法律规则意识的基本标准：观察个人在日常生活、工作或学习中是否有遵守法律法规的意愿和习惯，是否有遵守生产经营法规的意识和习惯，是否有自觉遵守合同和契约的意识和习惯，是否有维护合法权益的意识和惯例。

（十八）环保安全意识（C8）

衡量环保安全意识的一般标准：是否有国家安全意识和常识；是否有安全生产意识和常识；是否具备自觉爱护人身和财产的安全意识和常识；是否具备日常交通和消防的意识和常识；在生产过程中是否具有"安全第一，预防为主"的必要意识；是否有保护环境和维护生态平衡的意识。

（十九）服从大局意识（C9）

衡量服从大局意识的一般标准：能否妥善管理大局与局部局势之间的关系；集体和个人之间的关系是否能够管理好；能否处理好全局与细节的关系；上下级关系能否管理好。

（二十）协调沟通能力（D1）

衡量协调沟通能力的一般标准：是否能够运用语言更好地表达自己的意见和想法；是否能够更好地理解他人所说的话。

（二十一）社会交往能力（D2）

衡量社会交往能力的一般标准为：是否能够积极地与他人沟通，并不断扩大沟通圈；能否换位思考，站在对方的角度看待问题；能否真诚地赞美他人并欣赏他们的长处；能否积极热情地帮助他人；能否保持独立、谦虚的生活态度；能否始终保持微笑和适当的幽默，主动拉近距离，缓解冲突，保持必要的心理距离；能否有意识地克服与他人交往中的自私、自我中心、自卑、消极和傲慢的心理或行为表现；上级、下级和同事之间的关系能否在同一级别得到妥善管理。

（二十二）岗位适应与耐挫能力（D3）

衡量岗位适应与耐挫能力的一般标准：能否尽快改变角色，正确理解自己与环境之间的关系，自信地面对职业生活中的挫折；能否正确理解自己的职位和商业环境，并处理工作中的错误和挫折；能否脚踏实地，为工作做好充分的准备，既不雄心勃勃，也不抱怨、叹息、随遇而安；能否积极乐观地应对工作中的不幸和不满；能否有永不放弃的信念，有意识地消除挫折带来的恐惧、焦虑和抑郁；当遇到困难时，能否主动寻求帮助，而不是被动逃避和退缩。

（二十三）自我管理与控制能力（D4）

衡量自我管理与控制能力的一般标准：是否具有良好的时间管理和计划技能；是否有能力过上有秩序地生活；是否能通过暗示和转移注意力来控制自己的情绪；能否冷静下来，三思而后行；是否有很好的耐心，适当地发泄负面情绪。

（二十四）信息处理与学习能力（D5）

衡量信息处理与学习能力的一般标准：是否有信息和终身学习意识；是否能够清晰地表达信息需求并分解复杂的信息任务；是否有快速确定信息收集的策略；是否可以掌握灵活的信息搜索方法；是否具有专业信息的敏感性以及全面筛选、分类和分析有效信息的能力；是否有强烈的学习兴趣和良好的学习习惯；是否有明确的终身学习目标、计划和策略；是否能够善于发现和把握学习机会，有目的和有选择地学习，以及战略性和创造性地学习。

（二十五）创造思维与判断能力（D6）

衡量创造思维与判断能力的一般标准：是否善于提出非凡的问题，是否喜欢彻底提问，是否有独到的见解和想法，以及是否能够制定出与众不同的解决问题的策略。

（二十六）问题解决与执行能力（D7）

衡量问题解决与执行能力的一般标准：是否能够发现、定义和客观分析问题，把握问题的中心，清晰地拆解待解决问题的目标；能否创造性地提出分解目标的替代解决方案；能否科学选择和安排解决方案，制订实施方案，按时顺利完成任务；解决方案是否能得到有效评价，并提出改进措施；是否能够快速反应，完成任务，高效执行上级的意愿，完成上级的任务。

（二十七）语言表达与操作能力（D8）

衡量语言表达和操作能力的一般标准：是否有更具表达力的想法，以及是否能够正确使用书面或口头语言来正确表达自己的思想和信息；是否掌握适当的表达方法和技巧；是否理解语言表达的禁忌要求；表达语言是否流畅，内容是否连贯，文字是否准确生动，是否令人信服，是否具有感染力。

三、中职生职业核心素养评价价值判断的基本标准设定

根据所构建的中职生职业核心能力评价标准体系，通过系统收集、汇编和评估数据，对中职生的职业素质进行综合评价。在达到量化评估分数后，必须对评估对象的核心专业能力进行全面评估，才能得出合理的评估结论。价值判断是将学生专业素质的表现与专业核心素质的标准进行比较的过程，应采用绝对评估和个人差异评估的方法。"价值判断"应该是评估学生专业素质的关键，无论采用何种评估方法，都必须基于特定的评估标准。

参考文献

［1］巴晓伟，朱印华，童永通.中职生核心素养教育读本：品德修养导读［M］.
北京：中国人民大学出版社，2020.

［2］陈桂芳，常小芳.中职生就业指导［M］.北京：机械工业出版社，2016.

［3］龚小刚.浅谈培养中职生良好职业素养的策略［J］.国家通用语言文字教
学与研究，2022（5）：112-123.

［4］郭建如.新职教法中的职业教育［J］.中国远程教育，2023（1）：70-78.

［5］贺利英.中职思政教学现状及应对策略［J］.现代职业教育，2019（12）：
184-185.

［6］胡智华，吴琳.中职思政课体验式教学优化策略探究［J］.福建教育学院
学报，2020，21（12）：42-44.

［7］贾晓丽.新媒体网络环境下进行中职生思想政治教育的思考［J］.中职课
程辅导（教师教育），2021（11）：114-115.

［8］姜林辉，黄媛媛.中职生心理健康教育对策的探究［J］.广东职业技术教
育与研究，2019（3）：198-201.

［9］李文柱.心灵成长：新编中职生心理健康教育［M］.北京：机械工业出版社，
2019.

［10］李肖鸣，孙逸.中职生创业指导［M］.北京：清华大学出版社，2020.

［11］李兴洲，单从凯.职业核心素养教程［M］.北京：北京师范大学出版社，
2021.

［12］梁春龙.中职学生心理健康教育困境及对策分析［J］.现代职业教育，
2021（21）：234-236.

［13］林崇德.21世纪学生发展核心素养研究（修订版）［M］.北京：北京师
范大学出版社，2021.

［14］刘兰明.职业素养［M］.北京：电子工业出版社，2020.

［15］刘文广.中职生职前培训教程［M］.青岛：中国海洋大学出版社，2019.

［16］刘颖.新时代中职生思想道德建设研究［J］.河南农业，2022（6）：
21-22.

［17］龙家英.“互联网+”环境下中职学生心理健康教育的对策探究［J］.科学咨询（科技·管理），2019（8）：100.

［18］乔月静，崔景贵.积极心理教育视角下中职学生自我认知探析［J］.当代职业教育，2021（3）：58-65.

［19］史佳宁.新时代中职生职业精神素养培育探究［J］.教育科学论坛，2022（3）：41-45.

［20］苏宏伟，蓝冰.学生素质成长手册（中职·第四册）［M］.北京：机械工业出版社，2016.

［21］王官成，徐飙.劳动教育和职业素养训练［M］.北京：中国人民大学出版社，2020.

［22］王敏.高职学生职业核心素养培养体系研究［M］.武汉：武汉大学出版社，2021.

［23］王晓垒.中职生应具备的职业素养与能力培养策略［J］.现代农村科技，2022（11）：109.

［24］韦美萍，黄小强，赵丽娜.中职生职业素养教育［M］.北京：中国人民大学出版社，2020.

［25］肖长和，姜涛，赵俊峰.中职生入学教育［M］.北京：中国人民大学出版社，2021.

［26］徐进.简析黄炎培职业教育思想的当代启示［J］.天津职业学校联合学报，2018（12）：21-24.

［27］徐勇.中职学生核心素养评价的政策趋势与实践现状［J］.现代职业教育，2020（3）：172-173.

［28］许小苗.关注心理健康，促进全面发展：中职院校心理健康教育有效开展的策略探究［J］.好家长，2022（21）：82-83.

［29］赵翕，邓霞，刘会明.中职生生活实践教育［M］.北京：中国人民大学出版社，2021.

［30］钟启泉，崔允漷.核心素养研究［M］.上海：华东师范大学出版社，2018.

［31］朱印华，童永通，巴晓伟.中职生核心素养教育：职业素养导读［M］.北京：中国人民大学出版社，2021.

后　记

时光荏苒，这本书已经接近了尾声。这本书是我对中职生职业素养培养研究的一本书，倾注了我全部的心血，虽然很辛苦，但对中职生职业核心素养的培养起到了一定的作用。同时，本书在创作过程中得到了社会各界的广泛支持，谨此深表谢意！

职业教育和普通教育是两种不同的教育类型，其中中职教育是职业教育的中流砥柱。中职学校培养了一大批高素质的劳动者和技术技能人才，以振兴国家制造业、现代服务业和现代农业。中职学校培养中职生具备一定的文化基础知识、职业技能、多种技能证书、职业道德等。即既要为社会输送合格的劳动者，又要为应用型高等职业学校培养合格的新生。中职生的职业核心素养对其就业及未来职业发展起着关键作用。核心素养培养是一个系统的、持续的过程，必须从整体上进行综合的路径设计，选择合适的方法。通过合理的教育和教学管理手段，师生、生生的互动，有效地培养学生的职业素养，是中职学校的中心工作。

尽管本书已告一段落，但关于中职生职业核心素养培育的研究仍处于起步阶段，因此，中职生职业核心素养培育研究仍是任重而道远。我将不辱使命，潜心研究、积极探索、寻求突破，肩负起中职生职业素养培养研究的光荣使命。

李雪玉

2023 年 5 月